電子情報通信レクチャーシリーズ **D-11**

結像光学の基礎

電子情報通信学会●編

本田捷夫 著

コロナ社

▶電子情報通信学会 教科書委員会 企画委員会◀

- ●委員長 　　　　　　　原 島　　　博（東 京 大 学 教 授）
- ●幹事　　　　　　　　石 塚　　　満（東 京 大 学 教 授）
  （五十音順）
  　　　　　　　　　　大 石　進 一（早 稲 田 大 学 教 授）
  　　　　　　　　　　中 川　正 雄（慶 應 義 塾 大 学 教 授）
  　　　　　　　　　　古 屋　一 仁（東 京 工 業 大 学 教 授）

▶電子情報通信学会 教科書委員会◀

- ●委員長 　　　　　　辻 井　重 男（情報セキュリティ大学院大学学長／東京工業大学名誉教授）
- ●副委員長 　　　　　長 尾　　　眞（国立国会図書館長／前京都大学総長／京都大学名誉教授）
  　　　　　　　　　　神 谷　武 志（情報通信研究機構プログラムディレクター／大学評価・学位授与機構客員教授／東京大学名誉教授）
- ●幹事長兼企画委員長　原 島　　　博（東 京 大 学 教 授）
- ●幹事　　　　　　　　石 塚　　　満（東 京 大 学 教 授）
  （五十音順）
  　　　　　　　　　　大 石　進 一（早 稲 田 大 学 教 授）
  　　　　　　　　　　中 川　正 雄（慶 應 義 塾 大 学 教 授）
  　　　　　　　　　　古 屋　一 仁（東 京 工 業 大 学 教 授）
- ●委員　　　　　　　122名

（2007年4月現在）

刊行のことば

　新世紀の開幕を控えた1990年代，本学会が対象とする学問と技術の広がりと奥行きは飛躍的に拡大し，電子情報通信技術とほぼ同義語としての"IT"が連日，新聞紙面を賑わすようになった．

　いわゆるIT革命に対する感度は人により様々であるとしても，ITが経済，行政，教育，文化，医療，福祉，環境など社会全般のインフラストラクチャとなり，グローバルなスケールで文明の構造と人々の心のありさまを変えつつあることは間違いない．

　また，政府がITと並ぶ科学技術政策の重点として掲げるナノテクノロジーやバイオテクノロジーも本学会が直接，あるいは間接に対象とするフロンティアである．例えば工学にとって，これまで教養的色彩の強かった量子力学は，今やナノテクノロジーや量子コンピュータの研究開発に不可欠な実学的手法となった．

　こうした技術と人間・社会とのかかわりの深まりや学術の広がりを踏まえて，本学会は1999年，教科書委員会を発足させ，約2年間をかけて新しい教科書シリーズの構想を練り，高専，大学学部学生，及び大学院学生を主な対象として，共通，基礎，基盤，展開の諸段階からなる60余冊の教科書を刊行することとした．

　分野の広がりに加えて，ビジュアルな説明に重点をおいて理解を深めるよう配慮したのも本シリーズの特長である．しかし，受身的な読み方だけでは，書かれた内容を活用することはできない．"分かる"とは，自分なりの論理で対象を再構築することである．研究開発の将来を担う学生諸君には是非そのような積極的な読み方をしていただきたい．

　さて，IT社会が目指す人類の普遍的価値は何かと改めて問われれば，それは，安定性とのバランスが保たれる中での自由の拡大ではないだろうか．

　哲学者ヘーゲルは，"世界史とは，人間の自由の意識の進歩のことであり，…その進歩の必然性を我々は認識しなければならない"と歴史哲学講義で述べている．"自由"には利便性の向上や自己決定・選択幅の拡大など多様な意味が込められよう．電子情報通信技術による自由の拡大は，様々な矛盾や相克あるいは摩擦を引き起こすことも事実であるが，それらのマイナス面を最小化しつつ，我々はヘーゲルの時代的，地域的制約を超えて，人々の幸福感を高めるような自由の拡大を目指したいものである．

　学生諸君が，そのような夢と気概をもって勉学し，将来，各自の才能を十分に発揮して活躍していただくための知的資産として本教科書シリーズが役立つことを執筆者らと共に願っ

ている．

　なお，昭和55年以来発刊してきた電子情報通信学会大学シリーズも，現代的価値を持ち続けているので，本シリーズとあわせ，利用していただければ幸いである．

　終わりに本シリーズの発刊にご協力いただいた多くの方々に深い感謝の意を表しておきたい．

　2002年3月　　　　　　　　　　　　　　　　　　電子情報通信学会 教科書委員会

　　　　　　　　　　　　　　　　　　　　　　　　　　委員長　辻　井　重　男

まえがき

　本書は，光を空間的に制御する知識（この学問分野を「光学（こうがく）」と呼ぶ）を初めて身につけようとする人を対象にした「光学」の入門書である．読者の対象としては，理工学系大学生の1～2年生や工業高等専門学校（高専）の3～4年生を想定している．そのため，用いる数学は基本的には高校の数学IIを身につけていれば十分である．

　本書は「光学」の専門書ではなく，その入り口の書である．特に，レンズなどにより光の像を作る作用「結像光学」を勉強するための入門書という位置づけで書いた．

　できるだけ物理的な現象に重点を置いて説明していくことに注意した．そのため，数式はできるだけ使わないようにしたが，光学は数学を基に発展した部分を多く含む学問であるので，どうしても数式に頼らざるを得ない部分も多くあり，やはり数式が多くなってしまった．ただし，細かい式の導出はできるだけ付録に持っていき，物理的現象の本筋を見失わないように配慮した．

　パソコンを初めとする情報機器の進歩は目覚ましい．例えば，携帯電話（PHS を含む）は，1999年より急激に普及し，日本では，1億台以上が使われている（2007年末現在）．以前の「電話」は，離れている人との会話ができる機能だけであったが，最近の携帯電話は身につける情報（端末）機器そのもの（いわゆるモバイル（mobile））となっており，（携帯）電話の定義を変える必要が生じている．

　情報（端末）機器では，使用者との情報・データのやり取り（これを man machine interface（マンマシンインタフェース）という）を行うことが不可欠である．それを実現するのが入力機器および出力機器である．携帯電話の出力機器の一つに，液晶ディスプレイが使われている．最近の携帯電話の液晶ディスプレイでは，カラー画像の表示が当たり前である．

　2007年末では，携帯電話に500万画素以上のデジタルカメラ（略称：デジカメ）が付いている機種もある．そのデジカメで撮った画像を通信できるようになっている．動画像対応の機種もある．まさに「百聞は一見に如（し）かず」（100回同じことを聞かされるよりも，一度見るほうが情報が正確に伝わるという意味）という諺（ことわざ）があるように，画像の持つ情報量は非常に多い．テレビもまた画像表示機器である．

　本書では，画像がどのような機器で扱われるかをできるだけわかりやすく紹介する．このシリーズの中では，この本は少し異質な本である．なぜなら，その内容が「光学」に属する

からである．元々「光学」は，「(応用) 物理学」に含まれる．「電磁気学」も「(応用) 物理学」に含まれるが，「応用」に少し入ると，「電気・電子工学」で扱われる．しかし，「光学」は，「応用光学」もやはり「応用物理学」で扱われる．

そのおもな理由は，後述するように，光も電磁波の一種であるから，マクスウェルの電磁方程式を満足する．しかし，この「光学」が電磁気学とは独立して発展したのは，「光が人の眼で見える」ことに起因している．また光は電磁波の中でも，電波に比べて，その周波数が非常に高く波長が短いので，「波動」としての振舞いよりもむしろ「光」線（こうせん）の振舞いとして説明するほうが種々の現象を説明しやすいこともその原因である．

なぜ（可視）光は，人の眼で見えるかについては，1章の談話室で簡単に述べているので，興味ある読者はそちらを見ていただきたい．

以上のことを考慮して，できるだけ卑近な例を述べながら，話を進めていく．本書を読むことにより，光の振舞い，レンズによる結像について少しでも理解を深めることができれば，大変ありがたい．

2008 年 1 月

本 田 捷 夫

目　次

1.　光波と光線

1.1　電磁波としての光 ……………………………………………… 2
1.2　光線の集合（光線束）による光波伝搬の記述 ……………… 3
1.3　光線の振舞いの基本 …………………………………………… 4
1.4　均質媒質中の光線の速度 ……………………………………… 5
1.5　フェルマの（最短時間の）原理 ……………………………… 6
談話室　人はなぜ光が見えるか ……………………………………… 7
本章のまとめ …………………………………………………………… 8
理解度の確認 …………………………………………………………… 8

2.　光線の反射と屈折

2.1　媒質境界のミクロな形状と境界での光の振舞い …………… 10
2.2　光学的鏡面に光線がぶつかる場合の光線の振舞い
　　　──光線の反射と屈折── ……………………………… 11
2.3　全　反　射 ……………………………………………………… 14
談話室　光ファイバ通信 ……………………………………………… 15
2.4　プリズムによる光線の屈折 …………………………………… 16
本章のまとめ …………………………………………………………… 18
理解度の確認 …………………………………………………………… 18

3. 結像の基礎

   3.1 結像とは ……………………………………………………… 20
   3.2 光線束の反射による近軸結像 ………………………………… 21
   3.3 光線束の屈折による単一球面での近軸結像 ………………… 23
   3.4 1枚のレンズによる近軸結像 ………………………………… 27
   本章のまとめ ……………………………………………………… 30
   理解度の確認 ……………………………………………………… 32

4. 現実のレンズ

   4.1 目的別レンズの分類 …………………………………………… 34
   4.2 単レンズと組レンズ …………………………………………… 35
   談話室　光学ガラス ……………………………………………… 36
   4.3 凸レンズと凹レンズおよびレンズ光学面の形状 …………… 37
      4.3.1 凸レンズと凹レンズ ………………………………… 37
      4.3.2 レンズ光学面の形状 ………………………………… 37
   談話室　表面粗さ ………………………………………………… 39
   談話室　レンズの製造工程 ……………………………………… 39
   4.4 レンズの主要点と長さの定義およびその符号の約束 ……… 41
      4.4.1 主要点 ………………………………………………… 41
      4.4.2 長さの定義とその符号の約束 ……………………… 43
   4.5 現実のレンズの近軸結像関係 ………………………………… 43
   4.6 像の倍率 ………………………………………………………… 44
      4.6.1 横倍率 ………………………………………………… 45
      4.6.2 縦倍率 ………………………………………………… 45
   4.7 作図による近軸像点の決定 …………………………………… 46
   4.8 実像と虚像 ……………………………………………………… 47
   本章のまとめ ……………………………………………………… 48
   理解度の確認 ……………………………………………………… 48

5. 実際のレンズのパラメータ

 5.1 結像レンズ ……………………………………………… *50*
 5.2 画　　　角 ……………………………………………… *50*
 5.3 絞　　　り ……………………………………………… *52*
 5.4 物体空間と像空間 ……………………………………… *54*
 5.5 瞳 ………………………………………………………… *56*
 本章のまとめ ……………………………………………… *57*
 理解度の確認 ……………………………………………… *58*

6. 収　　　　　差

 6.1 収差の例とその大きい分類 …………………………… *60*
 6.2 色　収　差 ……………………………………………… *62*
  6.2.1 軸上の色収差 …………………………………… *62*
  6.2.2 倍率の色収差 …………………………………… *63*
 6.3 単　色　収　差 ………………………………………… *64*
  6.3.1 準　　　備 ……………………………………… *64*
  6.3.2 波　面　収　差 ………………………………… *65*
 6.4 波面収差と光線収差 …………………………………… *67*
 本章のまとめ ……………………………………………… *77*
 理解度の確認 ……………………………………………… *78*

7. 広がりのある物体の結像特性

 7.1 コヒーレント結像とインコヒーレント結像 ………… *80*
 談話室 コヒーレント結像 ……………………………… *81*
 7.2 収差があるインコヒーレント光学系による結像 …… *81*
 7.3 空間周波数面での結像特性 …………………………… *83*
 談話室 フーリエ変換とディジタル画像 ……………… *86*
 談話室 結像光学系の解像力・分解能 ………………… *86*

| 7.4 被写界深度 …………………………………………………… 88
| 本章のまとめ ……………………………………………………… 90
| 理解度の確認 ……………………………………………………… 90

8. 収差補正とレンズ設計

| 8.1 収差補正の考え方 ……………………………………………… 92
| 8.2 非球面単レンズによる球面収差補正 ……………………… 92
| 8.3 組レンズによる色収差補正の基本 ………………………… 98
| 8.3.1 アッベ数 …………………………………………… 98
| 8.3.2 色消しレンズ ……………………………………… 99
| 8.4 レンズ性能の評価 …………………………………………… 101
| 8.5 レンズ設計（自動）プログラム …………………………… 102
| 本章のまとめ ……………………………………………………… 104
| 理解度の確認 ……………………………………………………… 104

9. 結像光学機器

| 9.1 ヒトの眼とその矯正 ………………………………………… 106
| 9.1.1 ヒトの眼の構造 …………………………………… 106
| 9.1.2 明視の距離 ………………………………………… 108
| 9.1.3 近視とその矯正 …………………………………… 108
| 9.1.4 遠視とその矯正 …………………………………… 109
| 9.1.5 老眼とその矯正 …………………………………… 110
| 9.2 微小物体を拡大して見る光学機器（肉眼視の光学機器1）……… 111
| 9.2.1 虫メガネ（ルーペ） ……………………………… 111
| 9.2.2 顕微鏡 ……………………………………………… 113
| 9.3 遠方拡大鏡（肉眼視の光学機器2） ………………………… 115
| 9.3.1 オペラグラス ……………………………………… 116
| 9.3.2 ケプラー式望遠鏡，双眼鏡 ……………………… 116
| 9.3.3 天体望遠鏡 ………………………………………… 117

　　　　　　　　　　　　　　　目　　　次　　ix

　　談話室　アイポイント，アイリング，アイレリーフ ················ 119
　9.4　撮像光学機器 ··· 121
　　　9.4.1　（デジタル）カメラ，ビデオカメラ ······················ 121
　　　9.4.2　焼付け機 ··· 124
　9.5　投影光学機器 ··· 125
　　　9.5.1　投影レンズ系 ·· 125
　　　9.5.2　結像光学機器における照明光学系について ············· 126
　本章のまとめ ·· 126
　理解度の確認 ·· 127

付　　録

1. 光が電磁波の一種であることが発見された歴史 ················ 128
2. 屈折率，誘電率，透磁率 ·· 130
3. 偏光とその応用 ·· 130
4. 反射率，屈折率の強度比を表す式の導出と結果のグラフ ······ 135
5. 小さい頂角のプリズムによる偏角を与える式の導出 ··········· 139
6. 縦倍率の式(4.6)の導出 ·· 140
7. 波面収差 $W(\xi, \eta)$ から横収差 ($\Delta x'$, $\Delta y'$) の導出 ·············· 140
8. 被写界深度の式(7.18)の導出 ··· 143
9. 波長によるレンズの焦点距離の変化を示す式(8.4)の導出 ····· 145
10. 2枚合せアクロマートレンズの各単レンズの
　　焦点距離の関係式(8.5), (8.6)の導出 ···························· 146

引用・参考文献 ·· 148
理解度の確認；解説 ·· 149
あ と が き ··· 159
索　　　引 ··· 160

1 光波と光線

　本章では，まず「光」は電磁波の一種であることを光の研究の歴史を交えながら述べ，次に「光」を扱う上での分類について述べる．その後，光を光線の集合として扱う場合の光線の振舞いについての基本的な事項について紹介する．

1.1 電磁波としての光

　人の目で見える光を厳密には可視光というが，ここでは，単に光と呼ぶことにする．現在ではよく知られているように，光は，電波やX線やガンマ線と同じく電磁波の一部であることがわかっている．その発見の歴史については付録1に表で紹介してあるので，興味ある読者は見ていただきたい．

　電磁波は，電界と磁界が常に直交して振動する横波であり，その速度（厳密には位相速度）は，真空中では，振動数（あるいは波長）にはよらずに一定値である．その値は普通"c"で表され，その値は

$$c = 2.997\,924\,58 \times 10^8 \text{ [m/s]} \fallingdotseq 3.0 \times 10^8 \text{ [m/s]}$$

である．また，波の波長（λ）と振動数（f）の積は，その波の（位相）速度であるから，真空中では次式が成り立つ．

$$\text{波長}(\lambda) \times \text{振動数}(f) = c \tag{1.1}$$

　真空中での電磁波の速度 c は振動数によらず一定であるから，振動数が高くなると，波長は短くなる．

　一般に，真空中あるいは媒質中を伝搬する波は，波長が短くなるにつれて，それが進む方向が限定される．この現象を「指向性が鋭い」という．空中を伝わる音波で，波長が短い高音は指向性が鋭く，その音源の方向は見つけやすいのに対し，波長が長い低音はどの方向から伝わってくるかわかりにくいことは，よく体験することである．

　電磁波の世界でも同じであり，波長が長い電波は，指向性が弱く（鋭くなく），伝搬により広がりやすいのに対して，波長が非常に短いX線は，伝搬してもその広がりは非常に小さい．このような特性より，同じ電磁波であっても，電波は「電"波"」と呼ばれ，X線は「X"線"」と呼ばれる．電磁波の場合，振動数は**周波数**と呼ばれる．それぞれの周波数とそれに対応する真空中の波長およびその周波数の電磁波の呼び名を**表1.1**に示す．

　この表からわかるように，少し広く考えた光の領域は，真空中での波長が 0.1〜100 μm 程度の電磁波を意味する．この領域の電磁波は**光線**と呼ばれたり，**光波**と呼ばれたりする（"光波"という用語は特定の分野でしか使われないが）．この領域は，細かくは赤外線，可視光（線），紫外線に分かれるが，やはり「線」と呼ばれる．この呼び名でわかるように，

表 1.1　いろいろな電磁波（1 nm＝10^{-9} m，1 kHz＝10^3 Hz，1 MHz＝10^6 Hz）

	名称	波長	周波数	利用の例
電波	VLF（極長波）	100〜10 km	3〜30 kHz	
	LF（長波）	10〜1 km	30〜300 kHz	船舶，航空機用通信
	MF（中波）	1 000〜100 m	300〜3 000 kHz	AM ラジオ
	HF（短波）	100〜10 m	3〜30 MHz	遠距離ラジオ
	VHF（超短波）	10〜1 m	30〜300 MHz	FM ラジオ，テレビ
	UHF（極超短波）	100〜10 cm	300〜3 000 MHz	テレビ，タクシー無線，レーダ
	SHF	10〜1 cm	3 000〜30 000 MHz	電話中継，レーダ，衛星テレビ
	EHF	10〜1 mm	30 000〜300 000 MHz	電話中継，レーダ
赤外線		1 mm〜780 nm（1 nm は 10^{-9} m）		赤外線写真，乾燥
可視光線		770〜380 nm		光学器械
紫外線		380〜10 nm		殺菌灯
X 線		10〜0.001 nm		X 線写真，材料検査，医療
γ 線		0.1 nm 未満（おもに放射性原子核から生じる）		材料検査，医療

　光は波として伝搬していくよりは，むしろ（光）線として伝搬するように観測される．これは，例えば太陽からの光がビルや人により遮られ，その影が明確に観察されることからも容易に納得できる．以降では光の伝搬を光線の伝搬と考えて話を進める．

　可視光は，前記光のうち，真空中での波長が，380〜770 nm の範囲の電磁波である．

1.2　光線の集合（光線束）による光波伝搬の記述

　光線とは，ある狭い空間範囲の電磁波の伝搬を 1 本の線で代表させたものである．ここではこの線の単位は，その伝搬方向と垂直な単位面積を単位時間に通過するエネルギー量とし，例えば W/m^2 である．その概念を図 1.1 に示す．

　3 章以降では，小さい光源から出て広がって伝搬していく光などを仮定していくので，前記定義による光線の集合を想定する．その集合内の光線はすべて，ほぼ同じ方向に進むと考える．そのような光線の束を**光線束**と呼ぶことにする．

　これから 3 章以降で述べていく「結像」については，非常に多くの光線の振舞いを考えていくことが必要である．すなわち，光線束の振舞いを述べていくことになる．

　このように光線を定義すると，それは光という粒（光子）が飛んでいくとも考えることができる（これは，万有引力を発見したアイザック・ニュートン（Isac Newton；1643〜

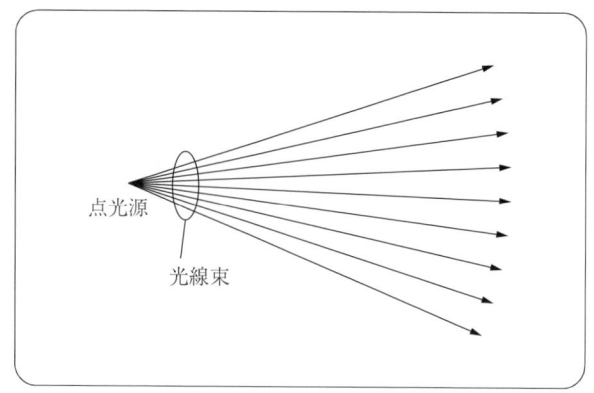

図1.1 小さい光源から出て均質媒質中を広がって伝搬していく光線と光線束の概念図

1727)が唱えた「光の粒子説」に近い説明であり，19世紀の初めに「光の波動説」に敗れたが，20世紀の量子力学によって，光が粒子の性質も併せ持つことが判明した．付録1参照）．

1.3 光線の振舞いの基本

　ここでは，まず1本の光線だけに着目して，その伝搬の振舞いについて述べる．まず，光が通る媒質について述べる．真空中では吸収なく透過する．大部分の気体中も比較的よく透過する．気体の種類によって，特定の波長域だけの光を吸収する性質がある．この性質を利用して，気体の組成の計測が行われる．液体では比較的光をよく通す透明な液体もあれば，あまり通さないほとんど不透明な液体も多くある．水は比較的よく通す液体である．
　固体では光をよく通す媒質の種類は少ない．よく通す固体の代表はガラスである．また一部のプラスチックも光をよく通す．ほかに光をよく通すものとして，いくつかの結晶がある．水晶，ダイヤモンドはその代表である．以降では，比較的光をよく通す透明度が高い媒質中を光が伝搬する場合について述べていく．
　光が伝搬する媒質の組成・条件（温度，気圧など）が均一な場合は，その媒質は均質であるという．

　　　光線の伝搬の第一法則：「均質な媒質中では，光線は直進する」

　　（このことは逆にいうと，「均質でない媒質中では光線は曲がって進む」ことになる．）

例えば，大気はほぼ均質であるから，大気中を伝搬する光線はまっすぐ直線として進む．これは，日常の経験からも矛盾しない．もし光線が曲がって進み，目に入るとすれば，見える方向には見えるものがないことになり，大変なことになる．

しかし，地球規模で光線を観察すると，大気は上空ほど気圧が低いので，太陽からの光線は図1.2に示すように曲がって進み，見えている夕日が実際は既に地平線から沈んでいることがある（上空での気圧は地上に比べて指数関数的に減少し，上空約11 kmで半分になる．また時間的にも，太陽から光が出て地球に届くまでに，約7分かかるので，そうなることもある）．

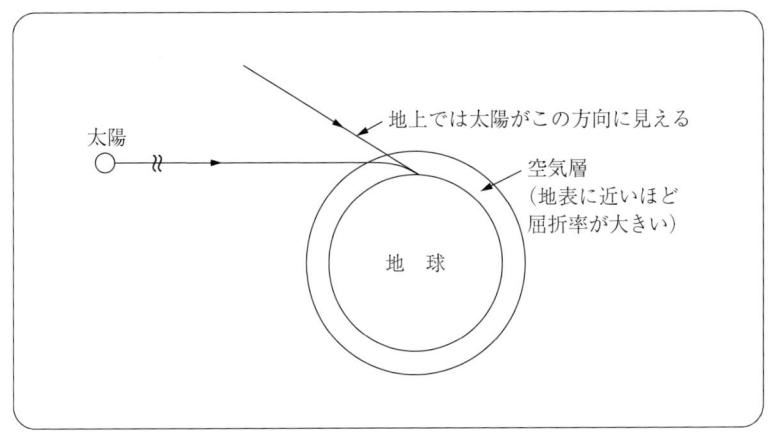

図1.2 太陽からの光線が地球のまわりの空気の屈折率の
分布の変化により曲がって進む現象を概念的に示す図

図は，光線の曲がりを強調して描いている．大気圧（1 013.2 hPa（ヘクトパスカル）），温度288 Kでの空気の屈折率は1.000 277であり，上空高さh〔km〕での屈折率$P(h)$はほぼ次式で近似できる．

$$P(h) = P_0 \times \exp(-0.06 \times h) \tag{1.2}$$

この式でP_0は，大気中での屈折率である．この式からわかるように，上空での屈折率変化はごくわずかである．

1.4 均質媒質中の光線の速度

光線の速度とは，概念的には前述の光子の速度とみなしてよい．その真空中での速度は，

前述のように，c（$=2.997\,924\,58\times10^8\,\mathrm{m/s}≒3.0\times10^8\,\mathrm{m/s}$）である．

次に，ある媒質中での光線（光子）の速度 v は，次式で与えられる．

$$v=\frac{c}{n} \tag{1.3}$$

ここで c は真空中での光の速度であり，n はその媒質の**屈折率**と呼ばれる無次元の量である．この屈折率の物理的な定義などは付録 2 で記す．

この屈折率 n を，「その媒質内での光線の速度に対する真空中での光線の速度の比」と定義してもよい．

1.5 フェルマの（最短時間の）原理

一般に，光線の道（光路）をよく調べてみることにより，フェルマ（P. Fermat, 1601〜1665, 仏）は，1660 年頃に，光路の最短時間の原理を唱えた．それは，**図 1.3** に示すように，「点 A を通る 1 本の光線が点 B を通るとき，光が点 A から点 B に達するまでの時間が最短になるように，自然の摂理に支配されている」ということである．これは現在，「フェルマの原理」（Fermat's principle）と呼ばれており，光線の振舞いを決定づける基本原理となっている．

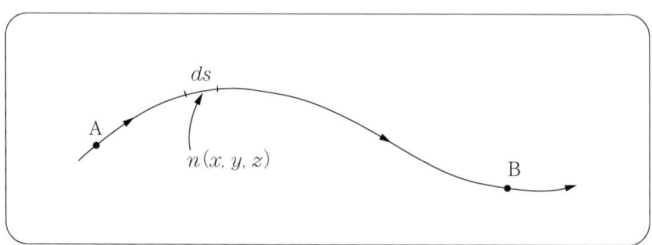

図 1.3 屈折率が連続的に変化する媒質中を伝搬する 1 本の光線の様子の概念図

これを数式で表すと，式(1.4)の時間 t が最小になる条件になる．

$$t=\int_A^B \frac{1}{v}\,ds=\frac{1}{c}\int_A^B n(x,y,z)\,ds \tag{1.4}$$

ここで，s は光線が進んでいく道（**光線路**という）を示し，積分はその光線路に沿った線

積分を示す．

前述の

光線の伝搬の第一法則：「均質な媒質中では，光線は直進する」

の法則もこの原理を満足している．次章以降も，この原理に従って話を進めていく．

屈折率が連続的に変化している媒質中を進む場合，これは光線が曲線を描いて曲がることを意味することになる．

☕ **談 話 室** ☕

人はなぜ光が見えるか　地球上に動物が生まれて以来，生きていくために（二つの）眼を持つように進化してきた．**図1.4**に，地球の大気中での電磁波の吸収の大きさを，横軸に波長をとって示す．この図からわかるように，波長が $0.2 \sim 0.8\,\mu\mathrm{m}$ の電磁波は「（可視）光の窓」と呼ばれるように，吸収がほとんどなく，地上に届く．

動物の眼の進化の過程で，この波長域の像が見えると生存のために効果的であるので，この領域の波長の電磁波，すなわち（可視）光が見えるようになったと思われる．

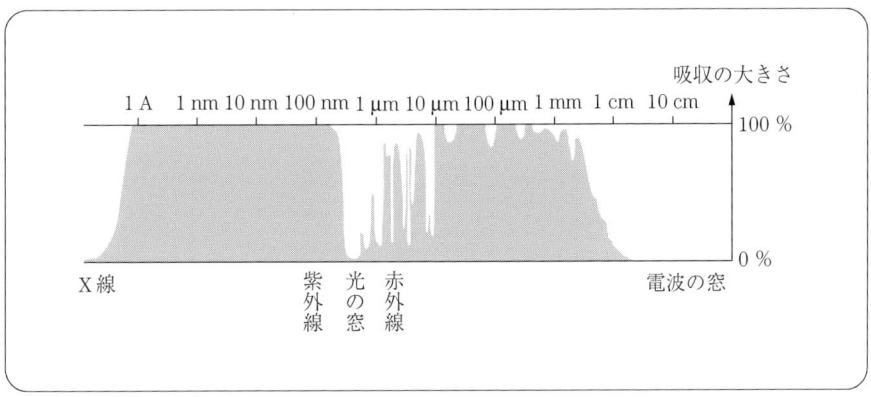

図1.4　大気中での電磁波の吸収の大きさを示す図（横軸は電磁波の波長，縦軸は大きいほど吸収が大きいことを示す）

1. 光波と光線

本章のまとめ

❶ 光は電波やX線と同じ「電磁波」の仲間である．

❷ 電磁波の真空中の速度（c）は周波数によらず一定で
$$c \fallingdotseq 3.0 \times 10^8 \, [\text{m/s}]$$
である．

❸ 電磁波の周波数（f [Hz]），真空中の波長（λ [m]），真空中の速度（c [m/s]）の間の関係は
$$f \times \lambda = c$$
である．

❹ 電磁波で波長が長い「電波」は「波」としての性質が顕著に表れ，波長が短い「光」は光線のように，「線」としての性質が顕著に表れる．

❺ （可視）光は，真空中での波長が 380～770 nm の間の電磁波である．

❻ 光の伝搬を光線の伝搬とみなす場合，光線の軌跡はフェルマの「最短時間の原理」に従う．

❼ ある媒質の屈折率を "n" とすると，その媒質中の光の速度 "v" は次式で与えられる．
$$v = \frac{c}{n}$$

❽ 光線は均質媒質中では直線として進む．

●理解度の確認●

問 1.1　周波数が 80 MHz の電波の真空中での波長は何 m か．

問 1.2　真空中で波長が 500 nm の光の周波数は何 Hz か．

問 1.3　屈折率が 1.31 である水中では，光の速度は何 m/s か．

2 光線の反射と屈折

　本章では，結像に最も基本的である「光線の反射の法則」と「光線の屈折の法則」について述べる．その前にそれらの法則が適応できる二つの異なる媒質の境界面でのミクロな形状（表面粗さ）について，概要を述べる．

2.1 媒質境界のミクロな形状と境界での光の振舞い

均質な媒質中を光線が進む場合を想定する．その媒質（屈折率：n_1）と，もう一つの屈折率が異なる均質な媒質（屈折率：n_2）とが接している状態を考える．その接している境界面のミクロな形状（その媒質が固体の場合，専門用語で**表面粗さ**という）について話を進める．

まず，その媒質が気体か液体の場合は，接する相手（液体か固体）になじんで形状を変える．液体が自由にミクロな形状を変えられる場合（接する相手の媒質が気体あるいは混ざり合わない液体の場合）には，その液体の表面張力により，非常に滑らかな境界表面になる．

一方，その媒質が固体の場合は，そのミクロな表面形状（表面粗さ）は様々である．表面粗さについては，p.39 の談話室「表面粗さ」を参照のこと．ここでは，その表面粗さを光の波長（可視光では，380～770 nm）を基準にして考える．まず大きく，その表面粗さが光の波長のほぼ 1/50 以下である場合と，1/10 以上ある場合に分けて議論する（これらの二つの値はあまり厳格ではない）．

このような境界面で接する二つの異なる均質な媒質の境界面に 1 本の光線がぶつかる場合を考える．その光線がぶつかる前に存在する媒質を「媒質 1」とし，もう一方の屈折率が（媒質 1 とは）異なる媒質を「媒質 2」とする．両媒質とも光をよく通す（透明な）媒質とする．

まず，その境界面の表面粗さが非常に小さく光の波長の 1/50 以下の場合，その境界でぶつかった光線は，その後特定の方向にだけ進む．その様子を**図 2.1（a）**に示す．このように，光が反射あるいは透過する場合，この境界面は光に対して鏡のように働くので，**光学的鏡面**と呼ばれる．固体表面をこのような"鏡面"にするためには，特殊な加工（**研磨**という）を必要とする．

一方，その境界面の粗さが光の波長の 1/10 以上の場合，その境界でぶつかった光線は，その後，あらゆる方向へ光を散乱する．その様子を図（b）に示す．このように，光が反射および透過する場合，この境界面は光に対して光拡散（あるいは散乱）面として働くので，**光学的粗面**と呼ばれる（大部分の固体の表面は，特殊な加工をしない限り，光学的粗面である）．

普通，窓ガラスとして使われるガラス板は，特殊な製造法で光学的鏡面にされる．すりガ

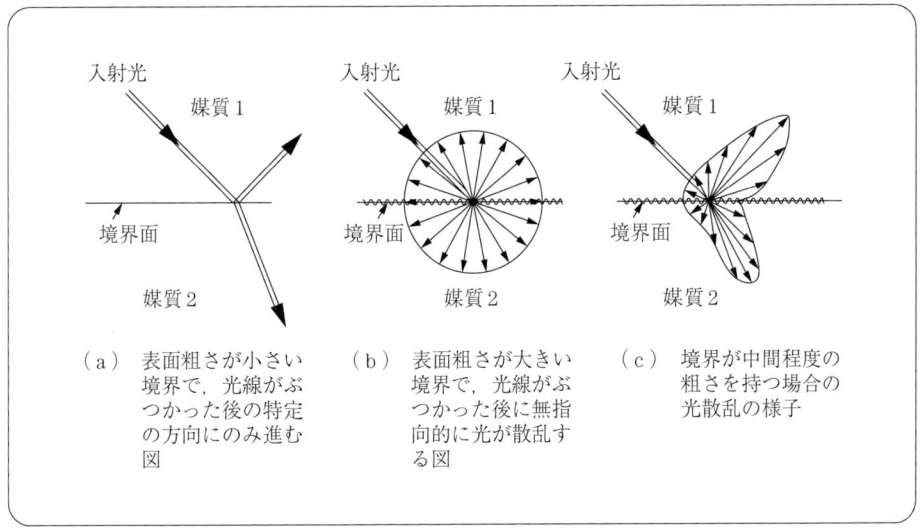

図 2.1 境界面に細い光線束がぶつかった場合のその後の光の振舞いを概念的に示す図．
矢印の方向と大きさは，その方向への相対的な反射および透過光強度の強さを示す．

ラスのザラザラの面は，光学的粗面である．

　その境界面の表面粗さが，光の波長の 1/50〜1/10 の間であるような境界面である場合には，その境界面に光線がぶつかった後は，図(a)，(b)の中間のように進む．その様子を図(c)に示す．どの程度光を散乱し，どの程度特定の方向に進むかの割合は，表面粗さの程度によって異なる．表面粗さが小さくなるに従って，境界面での光の振舞いは光学的鏡面のそれに近づく．

2.2　光学的鏡面に光線がぶつかる場合の光線の振舞い──光線の反射と屈折──

　ここでは，二つの屈折率が異なる均質の媒質が光学的鏡面で接しており，その境界面に光線がぶつかる場合のその後の光線について述べる．その二つの媒質とも，透明であるとする．境界面は光学的鏡面であるから，光は特定の方向にだけ進むことは前節で述べたが，その方向について述べていく．

　最初に光線が存在する均質媒質を「媒質1」とし，その媒質の屈折率を n_1 とする．また，媒質1と境界を接する均質媒質を「媒質2」とし，媒質2の屈折率を n_2 とする．媒質1からの光線（これを**入射光線**という）がその境界とぶつかる点をPとする．そして，点Pで

12　　2. 光線の反射と屈折

の境界面の法線（点 P での接平面と垂直な直線）を PH とする．その法線 PH と入射光線を含む平面を **入射面** という（入射光線と PH が重ならない限り，この面は一義的に定まる）．そして，法線 PH と入射光線とのなす角度を **入射角** といい，θ_1 で表す．この様子を **図 2.2** に示す．

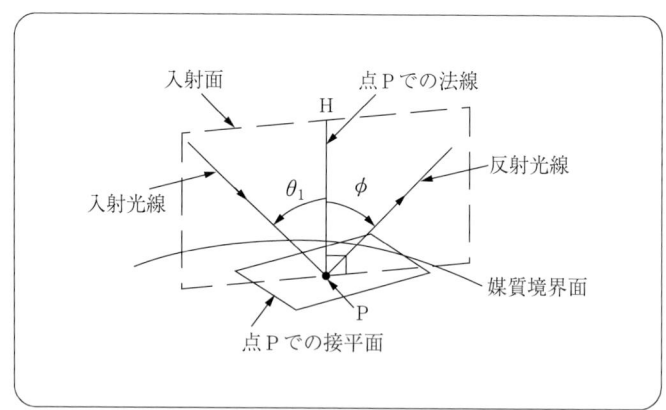

図 2.2　光線の反射の法則を示す図

まず，媒質 1 の中へもどっていく光線成分を **反射光線** という．その方向は
① 反射光線は入射面内にだけ存在する．
② 反射光線が法線 PH となす角度を ϕ（これを **反射角** という）とすると

$$|\phi|=|\theta_1| \tag{2.1}$$

すなわち，反射角の絶対値は入射角のそれと等しい．
上記①と②をあわせて，**光線の反射の法則** という．

次に，媒質 2 に進んでいく光線成分を **屈折光線** という．その光線の方向は
① 屈折光線も入射面内にだけ存在する．
② 屈折光線が法線 PH′（H′ は PH と反対方向の法線とする）となす角度を θ_2 とすると，次式

$$n_1 \sin \theta_1 = n_2 \sin \theta_2 \tag{2.2}$$

を満足する．

上記①と②をあわせて，**光線の屈折の法則** という．この様子を **図 2.3** に示す．

角度の定義および角度の符号については，次のように定義する．

（1）入射角は，法線 PH から入射光線の方向に測り，その方向が反時計回りの場合を正と約束する．

2.2 光学的鏡面に光線がぶつかる場合の光線の振舞い――光線の反射と屈折――

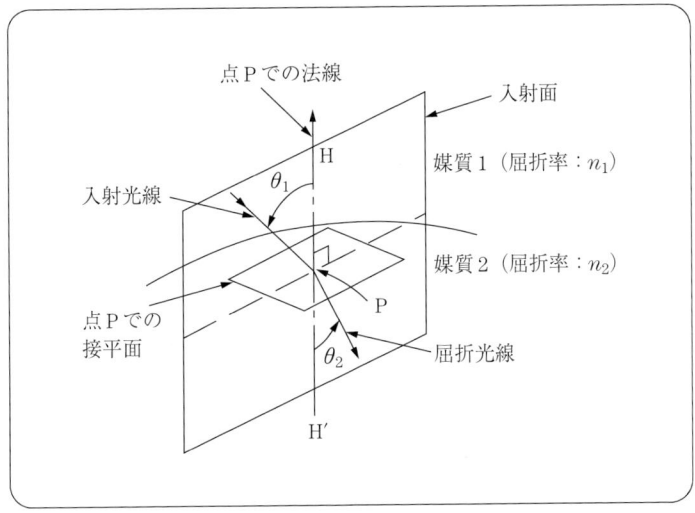

図 2.3 光線の屈折の法則を示す図

（2） 反射角も同じく，法線 PH から入射光線の方向に測り，その方向が反時計回りの場合を正と約束する．

（3） 屈折角は，法線 PH′ から屈折光線の方向に測り，その方向が反時計回りの場合を正と約束する．

もっと簡単な図として，前記定義による入射面を紙面とした図がよく使われる．その場合の反射・屈折の法則を示す図を **図 2.4** に示す．

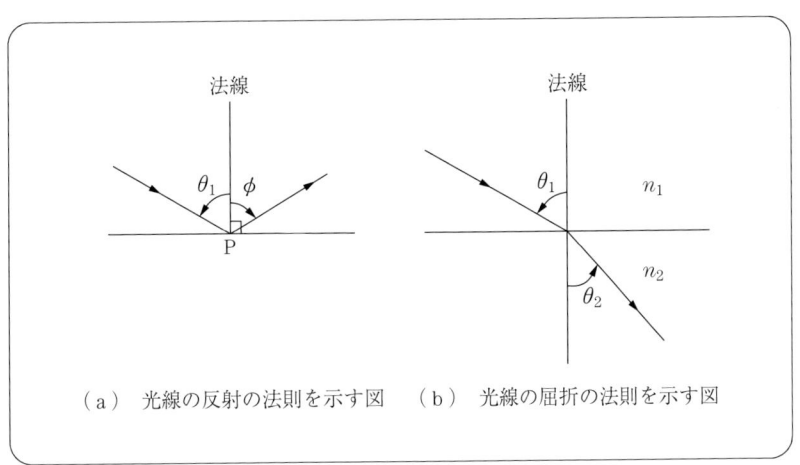

（a） 光線の反射の法則を示す図　　（b） 光線の屈折の法則を示す図

図 2.4 入射面を紙面とした光線の反射・屈折の法則を示す図

反射光線成分と屈折光線成分の（強さの）割合はそれぞれの媒質の屈折率，入射光線の偏光の状態によって異なる．偏光現象は現在非常に多く使われている液晶ディスプレイの基本

である．「偏光とその応用」については，付録3で述べる．

偏光成分それぞれによる反射光線成分と屈折光線成分の（強さの）割合については，結果だけを式で述べるにとどめる．これらの式の導出は付録4で示す．

（1） P偏光の光（入射面内に存在する成分）の場合

光強度反射率 R_p は

$$R_p = \left(\frac{n_2 \cos \theta_1 - n_1 \cos \theta_2}{n_1 \cos \theta_2 + n_2 \cos \theta_1}\right)^2 \tag{2.3}$$

光強度透過率 T_p は

$$T_p = \frac{4 n_1 n_2 \cos \theta_1 \cos \theta_2}{(n_1 \cos \theta_2 + n_2 \cos \theta_1)^2} \tag{2.4}$$

（2） S偏光（入射面と垂直な方向に存在する成分）の場合

光強度反射率 R_s は

$$R_s = \left(\frac{n_1 \cos \theta_1 - n_2 \cos \theta_2}{n_1 \cos \theta_1 + n_2 \cos \theta_2}\right)^2 \tag{2.5}$$

光強度透過率 T_s は

$$T_s = \frac{4 n_1 n_2 \cos \theta_1 \cos \theta_2}{(n_1 \cos \theta_1 + n_2 \cos \theta_2)^2} \tag{2.6}$$

で与えられる．

レンズなどでは透過光を使うので，反射光成分は邪魔になる．この反射光成分の割合を小さくする必要がある．このためには，レンズ表面に複数枚の薄い膜を付けることにより，反射光成分を0.1%以下にする（**反射防止**という）ことも行われる．

2.3 全反射

式(2.2)を変形すると，次式のように表される．

$$\theta_2 = \sin^{-1}\left(\frac{n_1}{n_2} \sin \theta_1\right) \tag{2.2}'$$

$n_1 > n_2$ の場合，入射角 θ_1 がある角度以上になると，式(2.2)′の右辺の括弧の中の値は1以上になり，式(2.2)′を満足する θ_2 は存在しない．この場合は屈折光線は存在することができず，入射光線はすべて反射される．この現象を**全反射**と呼ぶ．また，式(2.2)′の右辺の値が1，すなわち

$$\theta_{limit} = \sin^{-1}\left(\frac{n_2}{n_1}\right) \tag{2.7}$$

の角度 θ_{limit} を**臨界角**と呼ぶ．

全反射現象の積極的な利用の一つとして，「光ファイバ通信」がある．これについては，談話室で簡単に紹介する．

☕ 談 話 室 ☕

光ファイバ通信　　光ファイバの断面形状の光が通る部分だけを図 2.5 に示す．中心部は**コア**と呼ばれ，その周辺を**クラッド**と呼ばれる透明な媒質でコアを覆っている．光ファイバの中心軸に関して，回転対称にしている．そして，その境界部は非常に滑らかで光学的鏡面になっている．そして，コア媒質の屈折率をクラッド媒質の屈折率より大きくする．

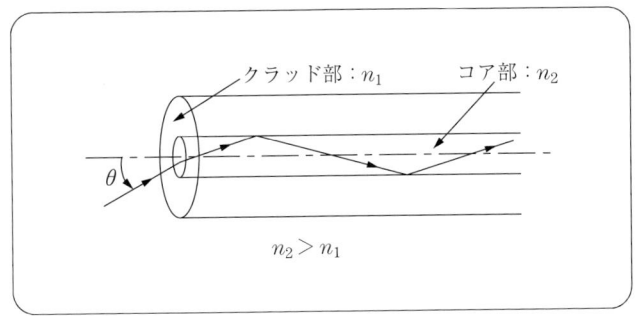

図 2.5　光ファイバ内での光線の全反射を示す概念図

このような構成の光ファイバのコア部に光を入射すると，ファイバの中心軸に対してある角度（θ）より小さい角度でコアに入射する光線は，コアとクラッドとの境界部で全反射を繰り返し，コア内に光が閉じ込められて伝搬する．その結果，長い距離を光強度が弱くならずに（減衰せずに）伝搬することができる．

光ファイバを用いた（ディジタル）信号の通信は 1980 年頃から研究・開発・実用化され，その後の技術発展によって，現在では世界中のインターネットのブロードバンド化や（携帯）電話の基地局間の通信では欠かすことができない重要な通信技術の基を支えている．

実際の長距離通信用光ファイバ内での光の伝搬は，光波動の伝搬として扱わなければ，その伝搬現象は説明できない．

2.4 プリズムによる光線の屈折

　屈折面がある角度を持って交わる透明なガラスで作った三角柱を**プリズム**という．その外形を**図2.6**(a)に示す．三角形一つの角（かど）の直線を**稜線**と呼ぶ．その稜線と垂直な平面で切った場合の断面を同図(b)に示す．その稜線を含む二つの平面がなす角度を**頂角**と呼び，その角度を α とする．そのプリズム媒質（ここでは媒質2と呼ぶことにする）の屈折率を n_2 とし，プリズムのまわりの媒質（ここでは媒質1と呼ぶことにする．これは空気である場合がほとんど）の屈折率を n_1 とする．

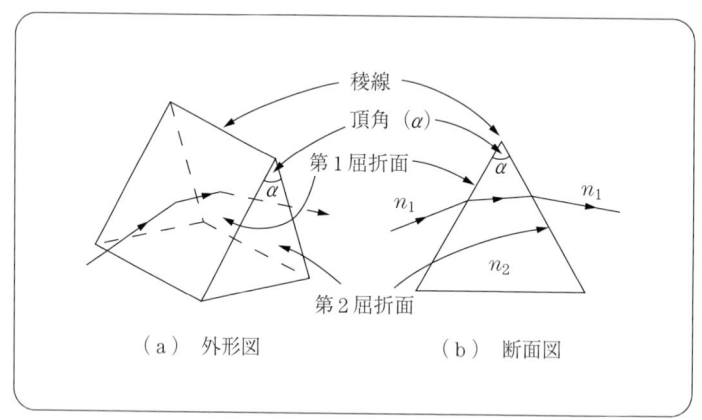

図2.6　プリズムの形状と各部の名称

　次に，その断面内で媒質1を進む1本の光線を考える．この場合の入射面はこの断面である．入射角を θ_1 とする．そうすると，2.3節で述べたようにプリズム内の屈折角 θ_2 は次式で与えられる．

$$\theta_2 = \sin^{-1}\left(\frac{n_1}{n_2}\sin\theta_1\right) \tag{2.2}'$$

　このプリズム内の屈折光線がそのプリズムのもう一つの面（第2屈折面）にぶつかり，その面で再度屈折する．稜線に垂直に入射面をとったので，第2屈折面での入射面も第1屈折面のそれと同じ面になる．すなわち，第2屈折面でのその光線の入射角 θ_3 は次式で与えられる．

$$\theta_3 = \alpha - \theta_2 \tag{2.8}$$

第2屈折面での屈折角を θ_4 とすると，θ_4 は次式で与えられる．

$$\theta_4 = \sin^{-1}\left(\frac{n_2}{n_1}\sin\theta_3\right) \tag{2.9}$$

プリズムへの入射光線が，このプリズムを透過することにより光線が進む方向の変わる角度を**偏角**と呼び，δ で表す．この δ は次式で表される．

$$\delta = (\theta_1 - \theta_2) + (\theta_4 - \theta_3) \tag{2.10}$$

これらの光線の進行方向の変化を**図 2.7** に示す．

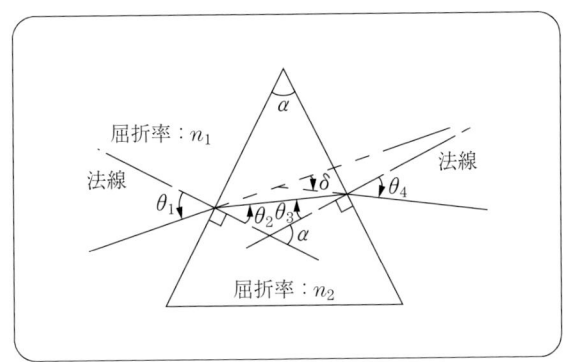

図 2.7　プリズムによる光線の進行方向の変化を示す図

光線がプリズムの稜線に垂直な面内に入射しない場合は，第1屈折面での入射面と第2屈折面での入射面は一致せず，前述と同じ偏角の定義はできず，3次元空間で扱わないといけない．

次に，プリズムの頂角，第1屈折面への光線の入射角が小さい場合について偏角がどうなるかを考える．

それぞれの角度が小さいとすると，式(2.2)′は，角度の単位をradianで定義すると

$$\sin\theta \fallingdotseq \theta$$

と近似できる（どの程度の精度で近似できるかは，θ の大きさに依存する．$|\theta|$ が小さいほど，その近似の精度は高い）．

この近似を式(2.2)′に適応すると

$$\theta_2 = \frac{n_1}{n_2}\theta_1 \tag{2.11}$$

また，式(2.9)，(2.10)はそれぞれ

$$\theta_4 = \frac{n_2}{n_1}\theta_3 \tag{2.12}$$

$$\delta = \left(\frac{n_2 - n_1}{n_1}\right) \times \alpha \tag{2.13}$$

と近似され，偏角は入射角によらず一定で，頂角 α に比例する（式(2.13)の導出は付録5に示す）．

本章のまとめ

❶ 「光学的鏡面」とは，その表面粗さが光の波長の 1/50 以下である固体表面をいう．
❷ 光学的鏡面にぶつかる光線は，ぶつかった後，特定の方向にのみ反射および（あるいは）透過する．
❸ 境界で入射光線と同じ媒質に帰っていく光線は**反射光線**と呼ばれる．
❹ 反射光線は「光線の反射の法則」に従う．
❺ 「光線の反射の法則」
　Ⅰ：反射光線は入射面内にのみ存在する．
　Ⅱ：入射光線が光学的鏡面とぶつかる点での法線となす角度（θ_1）と反射光線の法線とのなす角度（ϕ）の絶対値は等しい．
❻ 境界で別の媒質へ入っていく光線は**屈折光線**と呼ばれる．
❼ 「屈折光線」は「光線の屈折の法則」に従う．
❽ 「光線の屈折の法則」
　Ⅰ：屈折光線は入射面内にのみ存在する．
　Ⅱ：屈折光線の前記法線となす角度（θ_2）は次式に従う．
　　$n_1 \sin \theta_1 = n_2 \sin \theta_2$
❾ 反射光と屈折光との光強度の割合はその入射光の入射角，屈折率の大きさ，偏光の状態によって変化する．

●理解度の確認●

問 2.1　光線の反射の法則を述べよ．
問 2.2　入射光が存在する空間の媒質の屈折率を 1.00，屈折光が存在する空間の媒質の屈折率を 1.50 とする．入射角が 40° の場合の屈折角はいくらか．
問 2.3　入射光が存在する空間の媒質の屈折率が 1.60，屈折光が存在する空間の媒質の屈折率が 1.00 の場合の臨界角は何度か．

3 結像の基礎

　本章では，前章で述べた光線の反射あるいは屈折の法則に基づいて，光線束による像の形成の最も基本的な部分を紹介する．像の形成のことを結像という．また，実像と虚像についても言及する．

20　　3. 結 像 の 基 礎

3.1　結 像 と は

　結像の概念を**図 3.1**に示す．像を作る元のものを**物体**と呼び，光により作られたものを**像**と呼ぶ．物体から，みずから発光するか，あるいは別の光源（太陽など）で照明されて，光をあらゆる方向へ一様に放射すると仮定する．大部分の物体は，反射物体であり，表面は「光学的粗面」であるから光を無指向的に反射・散乱し，上記条件はほぼ満足される．

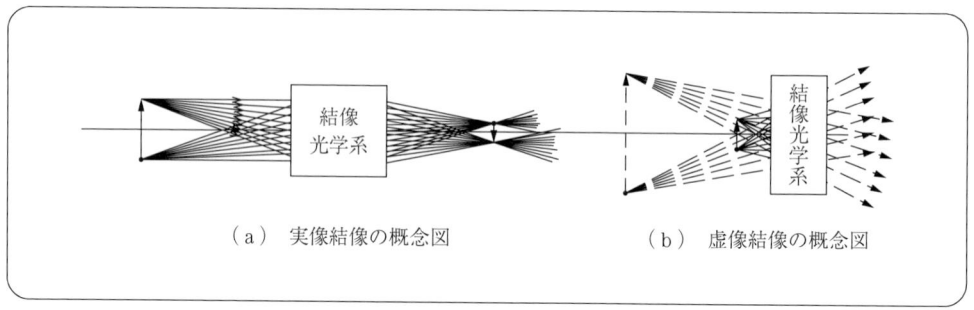

図 3.1　結像の概念図（実像，虚像については 4.8 節参照）

　物体としては，まず「点物体」を考え，実際の物体は，明るさ・色が異なる点物体の集合と考えることにする．

　物体から無指向的に放射される光線束のごく一部が結像の働きをする光学系（これを**結像光学系**という）に入り，像を作るために使われる．結像光学系には，そのために使う光を取り入れる穴がある．物体の各点から放射され，その穴に入る光線束で像が形成される．

　まず，点物体から出てその穴に入る光線束を考える．この光線束が，点物体の像（**点像**と呼ぶ）になるためには，光学系を通過後「点」に集光することが不可欠である．すなわち，光線束のそれぞれの光線を折り曲げることが必要である．

　少し離れた点物体も，同じように少し離れた点に集光することが結像のためには必要である．

3.2 光線束の反射による近軸結像

ここではまず，最もシンプルな球面鏡による結像について述べる．図3.2(a)に示すような球面の凹面鏡があり，離れた位置に点物体"O"があるとする（これを物点Oと呼ぶ）．その物点からは，どの方向へも同じ強度の光を放出しているとする．その凹面球面鏡の曲率半径を r（>0）とする．まず基準線として，その物点と凹面球面の（曲率）中心"C"を結ぶ直線を考える．そうすると，鏡表面の形状は，この直線OCに対して回転対称になっている．OCと鏡面との交点をVとする．

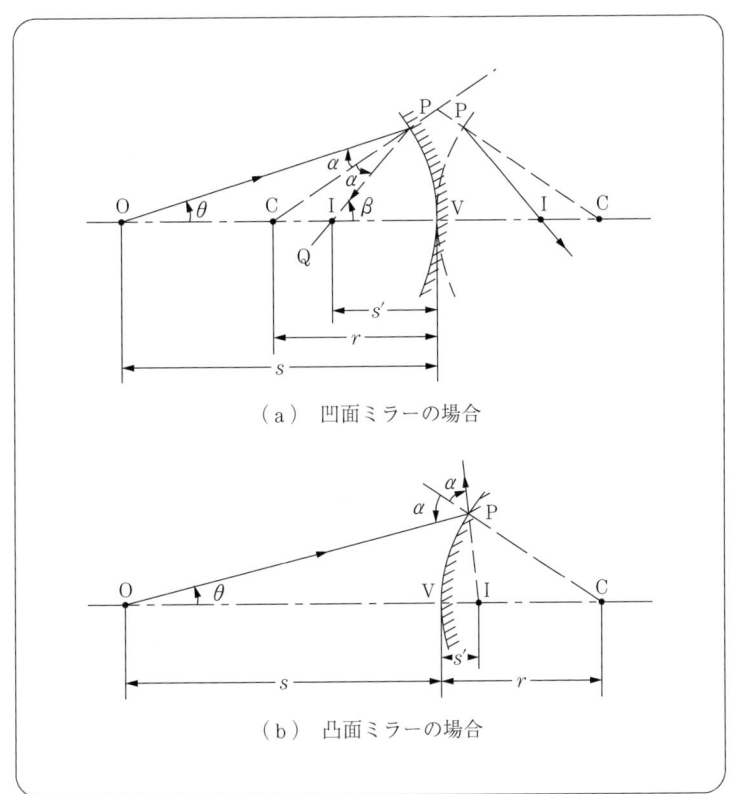

(a) 凹面ミラーの場合

(b) 凸面ミラーの場合

図3.2 球面表面による物点からの光線（束）の反射の様子を示す図

この直線OCと角度 θ（+とする）をなして，物点より射出し鏡の面にぶつかる光線の振舞いを考える．この光線が鏡の表面とぶつかる点をPとする．この光線は点Pで"光線の

22　　3. 結像の基礎

"反射の法則"に従い，反射光線が出る．点Pでの法線はPCである．この点への光線の入射角をαとする．反射面として球面を仮定しているから，この図でPCの長さはrである．入射面（入射光線OPと点Pでのミラー面の法線PCを含む平面）は，この図(a)の紙面内に存在する．よって，反射光線もこの紙面内に存在する．そして反射角は$-\alpha$であるから，反射光線は図(a)のPQのようになる．

先に鏡面の形状はOCに対して回転対称であると述べたが，これは紙面内に存在するだけではないことに注意しよう．物点Oから角度θで出て，紙面から飛び出し鏡面にぶつかる光線を考えると，その光線と基準線OCを含む平面を描くと，図(a)と全く同じ図になる．図(a)で，反射光線PQが基準線OCと交わる点をIとすると，前述のことより，この点Iは，点Oから発する光線のうち，OCとθの角をなすすべての光線に対して共通な点となる．すなわち，少なくとも角度θの光線束については，点Iは物点Oの像点になる．

次にVIの長さを求めよう．そのために，図(a)において，三角形POCと三角形PICに三角形の正弦法則を適応する．

$$\frac{OC}{\sin\alpha}=\frac{PC}{\sin\theta} \tag{3.1}$$

$$\frac{CI}{\sin\alpha}=\frac{PC}{\sin(\pi-\beta)} \tag{3.2}$$

ここで，OC$=s-r$，PC$=r$，CI$=r-s'$であるから，式(3.1)，(3.2)は次のように書ける．

$$\frac{s-r}{\sin\alpha}=\frac{r}{\sin\theta} \tag{3.1}'$$

$$\frac{r-s'}{\sin\alpha}=\frac{r}{\sin(\pi-\beta)} \tag{3.2}'$$

また，三角関数の性質として

$$\sin(\pi-\beta)=\sin\beta$$

また，角度関係の次式が成立する．

$$\beta=\theta+2\alpha \tag{3.3}$$

次に，α，β，θが小さい場合について述べる．すなわち，αをラジアン（radian）単位で

$$\sin\phi=\phi-\frac{1}{6}\phi^3+\frac{1}{120}\phi^5-\frac{1}{5040}\phi^7+\cdots \tag{3.4}$$

とマクローリン展開する．ここでは最も粗い近似として，第1項のみで近似することを考える．この近似がどの範囲で成立するかは近似の精度に依存する．この近似をy〔％〕の精度であるとすれば

$$\frac{\phi-\sin\phi}{\phi}\leq 0.01\times y \tag{3.5}$$

例えば，1％の精度であれば，$|\phi|<0.245$ rad（約14.0°）の範囲となり，10％の精度でよ

ければ，$|\phi|<0.786$ rad（約 45°）となる．

角度 α, β, θ についてこの近似が成立する範囲では，式(3.1)′, (3.2)′は，それぞれ次のようになる．

$$\frac{s-r}{\alpha}=\frac{r}{\theta} \tag{3.1}″$$

$$\frac{r-s'}{\alpha}=\frac{r}{\beta} \tag{3.2}″$$

式(3.1)″, (3.2)″, (3.3)より，s' を求めると次式となる．

$$s'=\frac{r\times s}{2s-r} \tag{3.6}$$

ここで注目すべきことは，この s' には θ を含まないということである（θ は s' を求める途中で消えてしまう）．すなわち，前記近似が成立する範囲の θ については，点 V から点 I までの長さは θ には依存しない．すなわち，α, β, θ が，式(3.5)を満たすすべての光線は，共通の点 I を通る．よって，点 I は物点 O の像点になる．この条件（式(3.5)の近似）を満足する光線束による像点を**近軸結像**と呼ぶ．なぜこのように呼ぶかは，あとで述べる．

点 O から，基準線から少し離れた点 O′ についても，O′C を基準線とすれば，これまでと全く同じことがいえるので，点 O′ に対応する点 I′ が，物点 O′ の近軸像点になる．すなわち，物点 O を含み，OC と垂直な小さい面については近軸「結像」が実現される．普段の生活でよく使われる鏡は曲率半径 r が無限大である「平面鏡」として扱うことができる．

または，式(3.6)を変形すると次式になる．

$$\frac{1}{s}+\frac{1}{s'}=\frac{2}{r} \tag{3.7}$$

式(3.7)の近似が成立しない光線束については，点 I は通らない．このような現象を「収差を持つ」という．この現象については，6 章で述べる．図 3.2(b)の凸面ミラーについても，r の符号をマイナスにすることにより，同じ式(3.7)を適応することができる．

3.3　光線束の屈折による単一球面での近軸結像

次に，球面の境界での屈折による結像を考える．その様子を**図 3.3**に示す．以下，図（a）について述べる．

24　　3. 結像の基礎

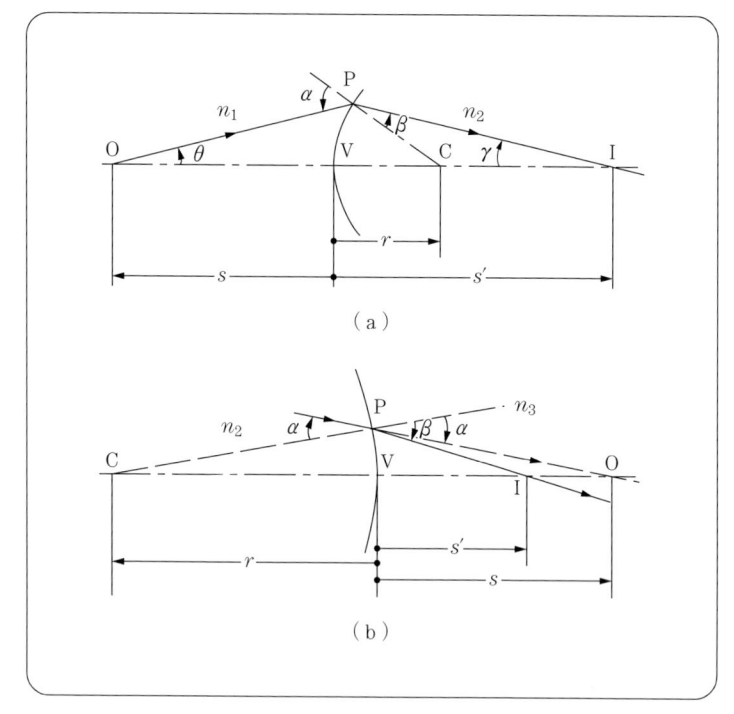

図 3.3　一つの球面の境界での屈折による結像を示す図

　球面ミラーによる結像と同じく，点物体からは四方八方に光線束を放射しているとする．そして，点物体が存在する空間の媒質の屈折率を n_1，球面を境として，物点が存在しない空間の媒質の屈折率を n_2 とする．その点（物体）と球面の（曲率）中心 C を結ぶ直線を考える．その直線を**基準線**と呼ぶことにする．その基準線が球面境界と交わる点を V とする．

　そして，その直線と角度 θ をなす光線がどのように進むかを考える．その光線が球面の境界と交わる点を P とする．点 P で屈折する光線がどのように進むかを，光線の屈折の法則により考える．境界面は球面であるから，点 P における法線は，球面の中心 C と P を結ぶ直線である．二つの直線とも紙面内に存在するから，入射面も紙面となり，屈折光線も紙面内に存在する．図（a）に示すように，その法線と入射光線のなす角度（入射角）を α とし，屈折光線が法線となす角度（屈折角）を β とすると，2 章で述べた光線の屈折の法則により，次式が成立する．

$$n_1 \sin \alpha = n_2 \sin \beta \tag{2.2}$$

　その屈折光線が基準線と交わる点を I とする．三角形 OPC での正弦定理より

$$\frac{\mathrm{PC}}{\sin \theta} = \frac{\mathrm{OC}}{\sin(\pi - \alpha)} \tag{3.8}$$

基準線に沿った長さを図（a）に示すようにすると

$$\frac{r}{\sin\theta}=\frac{s+r}{\sin(\pi-\alpha)}=\frac{s+r}{\sin\alpha} \tag{3.8}'$$

また，三角形 PCI についての正弦定理より

$$\frac{\text{PC}}{\sin\gamma}=\frac{\text{IC}}{\sin\beta} \tag{3.9}$$

同様に

$$\frac{r}{\sin\gamma}=\frac{s'-r}{\sin\beta} \tag{3.9}'$$

基準線に関して回転対象であるから，角度 θ をなすすべての光線は，図(a)と同じ図で表すことができ，それらの光線束については，I は像点になる．

ここでミラーの場合と同じく，α，β，γ，θ は小さいとすると，式(2.2)，(3.8)′，(3.9)′ はそれぞれ次の式のように近似される．

$$n_1\alpha=n_2\beta \tag{2.2}'$$

$$\frac{r}{\theta}=\frac{s+r}{\alpha} \tag{3.8}''$$

$$\frac{r}{\gamma}=\frac{s'-r}{\beta}$$

また角度関係より

$$\beta+\gamma+\theta=\alpha \tag{3.9}''$$

これら四つの式より s' を求めると，次式が得られる．

$$s'=\frac{n_2 s r}{(n_2-n_1)s-n_1 r} \tag{3.10}$$

ここで注目すべきことは，ミラーの場合と同じく，この s' には θ を含まないということである（θ は s' を求める途中で消えてしまう）．すなわち，前記近似が成立する範囲の α，β，θ，γ については，VI の長さ (s') は θ には依存しない．式(3.5)を満足するすべての円錐内に含まれる光線束は，共通の点 I を通る．よって，点 I は物点 O の近軸像点になる．

また，式(3.10)は次のようにも変形できる．

$$\frac{n_2}{s'}+\frac{n_1}{s}=\frac{(n_2-n_1)}{r} \tag{3.10}'$$

これまでは，長さおよび角度について符号は考えずに（すなわちすべて正として）式を導いてきたが，屈折光学系での長さの符号について，次のように約束する．

（1） 光線は向かって左手方向から右手方向へ進むとする．

（2） 原点を V とする．

（3） 長さは基準線に沿って定義し，図で右手方向の長さはプラス，左手方向の長さはマイナスとする．

（4） レンズに特有な約束として，球面の曲率半径に符号を持たせる．そして，曲率半径

26　　3. 結像の基礎

は球面表面から曲率中心へ向かって，基準線に沿って測ることとする．この約束に従うと，図3.3(a)で示す球面の曲率半径はプラスであり，図(b)に示す曲率半径はマイナスである．

なぜ，このような約束をするかというと，いろいろな場合（球面の形が凹面の場合，物点がVより右方向にある場合，近軸像点が左方向にある場合など）について，共通の一つの式が使えるようにするためである．

これらの約束に従うと，図(a)に示す場合の長さは，s：マイナス，s'：プラス，r：プラスとなる．そして式(3.10)′は，これらの符号に従うと，次の式になる．

$$\frac{n_2}{s'} - \frac{n_1}{s} = \frac{(n_2 - n_1)}{r} \tag{3.11}$$

長さに関して前記符号の約束に従えば，この式は，図(a)の場合だけでなく，図(b)も含め，どのような場合についても使うことができる，共通の式である．

例えば，**図3.4(a)**に示すような場合は，s：マイナス，r：プラス，s'：プラス，になる．また同図(b)の場合は，s：マイナス，r：マイナス，s'：マイナス，になる．

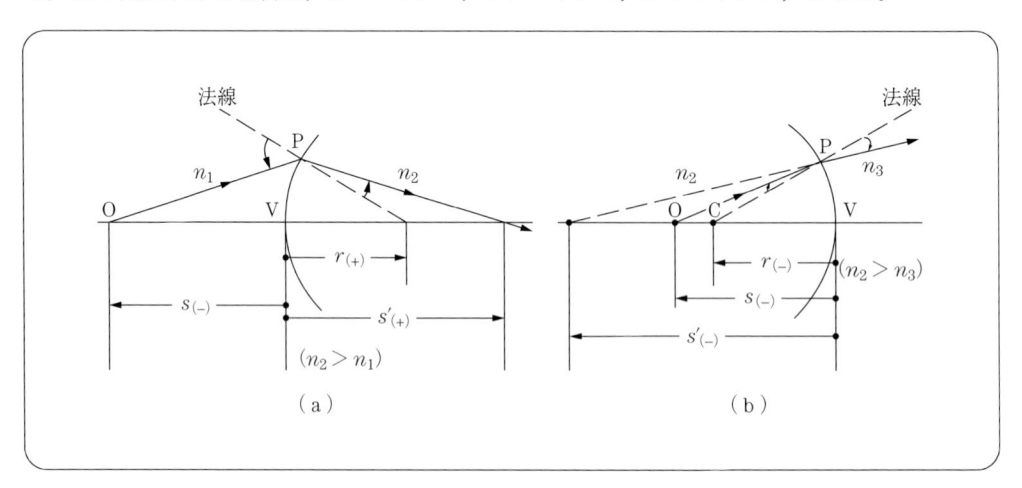

図3.4　長さの符号の例

また，式(3.11)は次のように変形できる．

$$n_1\left(\frac{1}{r} - \frac{1}{s}\right) = n_2\left(\frac{1}{r} - \frac{1}{s'}\right) \tag{3.11}′$$

この記述では，両辺が同じ形の式であり，左辺はすべて屈折率が n_1 の媒質中の量であり，右辺はすべて屈折率が n_2 の媒質中の量である．同じ形であるので，この左辺も右辺も**不変量**と呼ばれる．この各辺の式は**アッベの不変量**と呼ばれる．

3.4 1枚のレンズによる近軸結像

3.3節では，単一球面の屈折による近軸関係式を導いたが，ここではそれを二つ合わせたレンズによる近軸結像関係式を導く．その場合の様子を**図3.5**に示す．

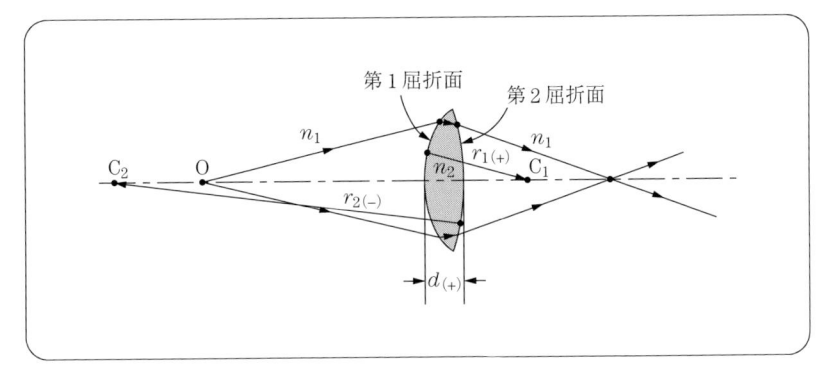

図3.5 レンズによる近軸結像の様子を示す図（この図では，光線関係が見やすいように，近軸光線ではないように光線束を示している）

ここで扱うレンズの表面形状が球面（あるいは平面）である理由は，レンズ製造での加工の容易さにある．実際のレンズの製造については，4章で述べる．

図で，光線が屈折する第1番目の球面を第1屈折面，第2番目の屈折面を第2屈折面と呼ぶ．またこの場合の基準線は，第1屈折面の曲率中心 C_1 と第2屈折面の曲率中心 C_2 を結ぶ直線とする．そしてレンズの厚さを d（常にプラス）とする．第2屈折面より右側の媒質の屈折率は，第1屈折面の左側の屈折率と同じ n_1 とする．また，第1屈折面での近軸結像関係式にはすべての長さについて添字として "1" をつけ，第2屈折面での近軸結像関係式にはすべての長さについて添字として "2" をつける．そして物点 "O" は，この基準線上にあるとする．

このようにすると，図の場合の近軸結像関係式は，次式で表せる．
第1屈折面での近軸結像関係式

$$\frac{n_2}{s_1'} - \frac{n_1}{s_1} = \frac{(n_2 - n_1)}{r_1} \tag{3.12}$$

第2屈折面での近軸結像関係式

$$\frac{n_1}{s_2'} - \frac{n_2}{s_2} = \frac{(n_1 - n_2)}{r_2} \tag{3.13}$$

(第2屈折面では,入射光線束が存在する空間の屈折率は n_2 であり,屈折光線束の存在する空間の屈折率は n_1 であるから,上式で,n_1 と n_2 が入れ替わっていることに注意)また,s_1' と s_2 の間には次式が成り立つ.

$$s_2 = s_1' - d \tag{3.14}$$

式(3.12)〜(3.14)より,s_1 と s_2' の間の関係は一義的に決定されるが,一つの式にすると,あまり見通しがよい式にはならない.

例として,$n_1 = 1.000$,$n_2 = 1.560$,$r_1 = +200$ mm,$r_2 = -300$ mm,$d = 20$ mm の単レンズで,物点 O が光軸上 $s_1 = -1\,000$ mm の位置にあるときのこの単レンズによる近軸像点位置を求めてみよう.

第1段階として,このレンズの第1屈折面による近軸像点位置を求め,次にその像点を物点として,第2屈折面の像点を求める.

第1屈折面での近軸結像関係式(3.12)に前記数値を代入すると

$$\frac{1.560}{s_1'} - \frac{1.000}{-1\,000} = \frac{(1.560 - 1.000)}{+200}$$

から,$s_1' = +2\,600/3 ≒ +866.7$ 〔mm〕となる.

次に第2屈折面による近軸結像を考える.その場合の物点の位置(s_2)は,レンズの厚さが 20 mm であるから

$$s_2 = +2\,600/3 - 20 = +2\,540/3 ≒ +846.7 \text{〔mm〕}$$

である.

この値および前記数値を第2屈折面の近軸結像式(3.13)に代入する.

$$\frac{1.000}{s_2'} - \frac{1.560}{\frac{2\,540}{3}} = \frac{1.000 - 1.560}{-300}$$

から,$s_2' = +762\,000/2\,826.4 = +269.6$ 〔mm〕となる.すなわち,第2屈折面の頂点 V_2 から,269.6 mm 右側の光軸上に近軸像点ができる.この様子を**図 3.6** に示す.

ちなみにこの次に述べるレンズの厚さを無視(すなわち,$d = 0$ mm)とした薄い単レンズの近軸関係式(3.15)に前記数値を代入すると,$s' = 6\,000/22 = 272.7$ mm となり(この場合の原点は,レンズの中心である),269.6 mm とはわずか(3.1 mm)に異なる.

次に,レンズの中心部の厚さ d が他の長さの絶対値に比べて非常に小さい(すなわち,レンズの厚さが薄い)場合を考える.この場合は,V_1 と V_2 は一致する.そして,式(3.14)を次式で近似する.

$$s_2 = s_1' \tag{3.14}'$$

3.4 1枚のレンズによる近軸結像

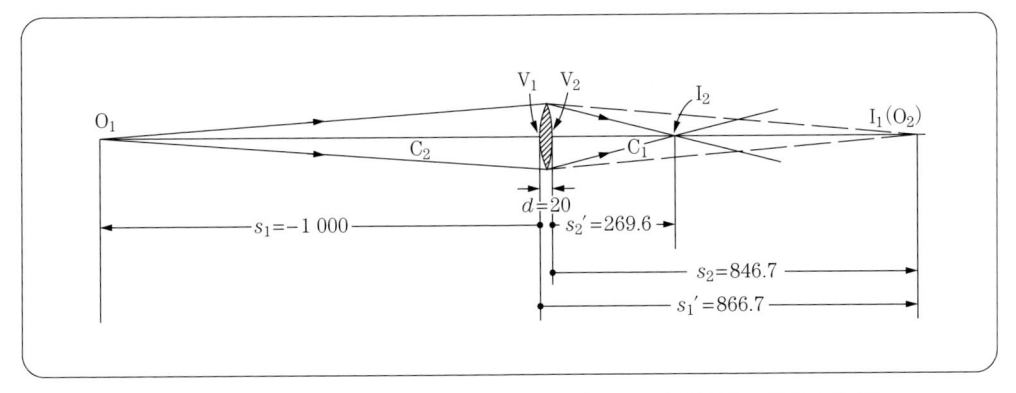

図3.6 単レンズのそれぞれの屈折面（第1，第2）による近軸結像の様子を示す図
（第1屈折面の近軸像点が第2屈折面の物点になる）（単位：mm）

そうすると，この薄いレンズの近軸結像関係式は次式のようになる．

$$\frac{1}{s_2'} - \frac{1}{s_1} = \frac{n_2 - n_1}{n_1}\left(\frac{1}{r_1} - \frac{1}{r_2}\right) \tag{3.15}$$

ここで，第1屈折面の添字（1）と第2屈折面の添字（2）を省くと，次式になる．

$$\frac{1}{s'} - \frac{1}{s} = \frac{n_2 - n_1}{n_1}\left(\frac{1}{r_1} - \frac{1}{r_2}\right) \tag{3.15)'}$$

この式が，1枚の薄（い）レンズの**近軸結像関係式**と呼ばれる．1枚のレンズのことを，**単レンズ**と呼ぶ．ここで，右辺の逆数を薄い単レンズの**像焦点距離**（f'）と呼ぶ．すなわち，f'の逆数は次式で定義される．

$$\frac{1}{f'} = \frac{n_2 - n_1}{n_1}\left(\frac{1}{r_1} - \frac{1}{r_2}\right) \tag{3.16}$$

この単レンズの基準線を**光軸**と呼ぶ．メガネレンズ（コンタクトレンズも）や光ディスクに使われているレンズは単レンズである．

ここまでは，物体は光軸上にある「点」物体として扱ってきたが，実際の物体は広がりを持っている．この広がりがある物体は，結像光学では，明るさが異なる点物体の集合とみなす．この「点」物体が光軸からほんのわずかだけ離れている場合の近軸結像関係は，それぞれの屈折面の基準軸がほんの少しだけ角度を持つが，その角度が非常に小さい場合には，光軸上の点と同じ式(3.15)′が満足されると考えて問題はない．物点（あるいはその像点）が光軸から大きく離れる場合には，複雑な現象が伴ってくる．それらを**収差**と呼ぶ．これらについては，6章で，少し詳しく述べる．

一つの例として，単レンズとして近視用メガネのレンズを考える（9.1.3項参照）．近視の人は遠くのものが見えにくいので，メガネレンズにより，遠くの物体の像を近くに虚像を

作る働きをさせる．例えば，非常に遠くの物体（式(3.15)′で，$s=-$無限大）の像を眼から 30 cm の位置に作る場合（式(3.15)′で，$s'=-300$ mm）には，空気の屈折率を 1.0，メガネレンズのガラスの屈折率を 1.6 とすれば，式(3.15)′より，r_1 と r_2 の間には次式の関係が必要となる（r_1，r_2 の単位は mm）．

$$\frac{1}{-300}-\frac{1}{-\infty}=\frac{1.6-1.0}{1.0}\left(\frac{1}{r_1}-\frac{1}{r_2}\right) \tag{3.17}$$

すなわち

$$\frac{1}{r_1}-\frac{1}{r_2}=-\frac{1}{180} \tag{3.17}′$$

眼球が回転してもメガネによる像の見え方が変わらないように，r_2 を眼球の半径（成人の平均は 12 mm）で＋10 mm とすると，$r_2=+22$ mm であるから，r_1 は式(3.17)′より，＋25.06 mm となる．このメガネレンズの断面形状の例を，図 3.7 に示す．

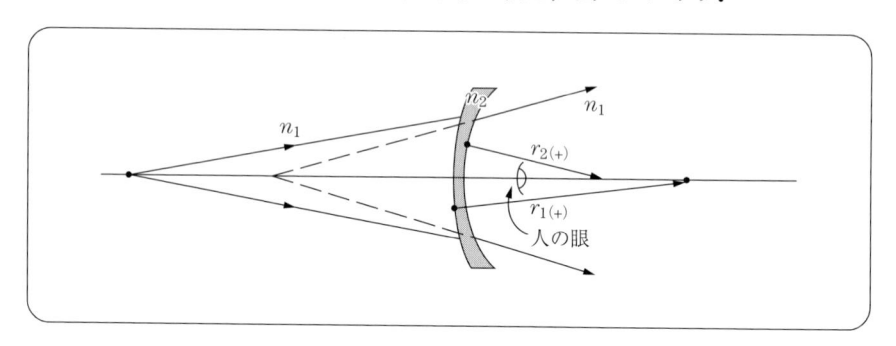

図 3.7　近視用メガネレンズの断面形状の例

これまでは，最も単純な薄い単レンズの結像関係について述べてきた．実際に使われる結像レンズは，他の条件も満足しなければならないので，もっと複雑なレンズ構成になる場合がほとんどであるが，ここで述べた関係式は，最も基本的な関係式であり，最初の考え方や設計のスタートとして，重要である．

本章のまとめ

❶ 一点（これを**物点**と呼ぶ）から拡散していく光線群のある部分が光学系によって再び集まる現象を**集光**という．

❷ 物点の近傍の点から拡散していく光線群も同様に集光する場合，この現象を**結像**という．

❸ 結像を実現するための光学的鏡面の形状は大部分が球面または平面である．

❹ 光を効率よく反射させて結像を実現する光学素子がミラーである．

❺ 光を効率よく屈折させて結像を実現する光学素子がレンズである．

本章のまとめ

❻ ミラーやレンズの表面が球面または平面であるのは，光学的鏡面に作りやすいからである．

❼ 物点と球形の反射あるいは屈折球面の中心（**球心**という）を結ぶ直線を**光軸**と呼ぶ．

❽ 光軸とミラー表面あるいはレンズ表面との交点を**頂点**という．

❾ 光軸とのなす角度の絶対値が小さい光線束による結像関係を**近軸結像**関係という．

❿ ミラーによる近軸結像関係は次式で与えられる．

$$\frac{1}{s} + \frac{1}{s'} = \frac{2}{r}$$

ここで，s は頂点から物点までの符号を含む距離，s' は頂点から近軸像点までの符号を含む距離，r は符号を含むミラー球面の符号を含む曲率半径である．

⓫ 一つの球面による屈折の近軸結像関係は次式で与えられる．

$$\frac{n_2}{s'} - \frac{n_1}{s} = \frac{(n_2 - n_1)}{r}$$

ここで，s は頂点から物点までの符号を含む距離，s' は頂点から近軸像点までの符号を含む距離，r は符号を含む屈折球面の曲率半径，n_1 は物点が存在する空間の媒質の屈折率であり，n_2 は近軸像点が存在する空間の媒質の屈折率である．

⓬ レンズの厚さを0と近似した薄い単レンズで，物点と近軸像点が存在する空間の屈折率が同じ場合の近軸結像関係は次式で与えられる．

$$\frac{1}{s'} - \frac{1}{s} = \frac{n_2 - n_1}{n_1}\left(\frac{1}{r_1} - \frac{1}{r_2}\right)$$

ここで，s は頂点から物点までの符号を含む距離，s' は頂点から近軸像点までの符号を含む距離，r_1 は符号を含む第1屈折球面の曲率半径，r_2 は符号を含む第2屈折球面の曲率半径，n_1 は物点および近軸像点が存在する空間の媒質の屈折率であり，n_2 はレンズ媒質の屈折率である．

⓭ 薄い単レンズの像焦点距離 f' は次式で与えられる．

$$\frac{1}{f'} = \frac{n_2 - n_1}{n_1}\left(\frac{1}{r_1} - \frac{1}{r_2}\right)$$

ここでのそれぞれの記号の定義は ⓬ と同じである．

⓮ それぞれの長さは符号を伴って定義される．ミラーによる結像の場合とレンズによる結像の場合では，符号の定義が異なるので注意を要する．

32   3. 結 像 の 基 礎

──────────────●理解度の確認●──────────────

問 3.1 平面ミラーの近軸結像関係式を示せ．

問 3.2 人の眼は近似的には 3.3 節で述べた断面形状をしている．眼の表面（角膜）の曲率半径を $+10$ mm，眼の媒質の屈折率を 1.33 とした場合の眼のレンズの像焦点距離はいくらか．ただし，眼の外は空気であり，その屈折率は 1.00 とする．

問 3.3 $r_1 = +200$ mm，$r_2 = -300$ mm，$n_2 = 1.55$ の薄い単レンズの像焦点距離は何 mm か．符号を含めて答えよ．ただし，レンズの周りは空気であり，その屈折率は 1.00 とする．

問 3.4 $r_1 = -200$ mm，$r_2 = +300$ mm，$n_2 = 1.60$ の薄い単レンズの像焦点距離は何 mm か．符号を含めて答えよ．ただし，レンズの周りは空気であり，その屈折率は 1.00 とする．

4 現実のレンズ

　本章ではまず，レンズを使う目的を大きく二つに分類する．前章では厚さを無視した薄い単レンズの光軸と平行に近い光線束による結像（近軸結像）の特性について述べたが，現実のレンズは単レンズであっても厚さを無視することはできないし，場合によっては結像特性を満足させるために，複数枚の単レンズを組み合わせて一つのレンズとして使うことが多い．本章では現実の光学系の大部分を占める共軸光学系，その中でも大多数の共軸光学系を占める共軸レンズ系についての結像関係について，重要な点の定義および長さの符号を含めた定義，および近軸結像関係について述べる．

　「共軸光学系」とは，回転対称な1本の直線（これを「光軸」と呼ぶ）を持つ光学系を意味する．

4.1 目的別レンズの分類

レンズの目的は大きく分けて次の二つに分類される．
（1） 像をつくる．
（2） 小さい光源から出る光を集光させる．

（1）の目的のレンズは**結像レンズ**と呼ばれる．このレンズの目的のほとんどは，物体から無指向的に放射される光の実像または虚像を作ることである．実像の場合には，実像が作られる面（普通は光軸に垂直な平面）に写真フィルムなどの感光材料を置いたり，イメージセンサと呼ばれる光の2次元強度分布を電気信号に変える機能を持つデバイスを置く．虚像の場合は，メガネレンズのように，人が肉眼でそのレンズによる像を見る目的が多い．

一方，（2）の目的は近年非常に増えている使い方であり，レーザが多くの分野で使われるようになったことで，その使用が多くなった使い方である．光ディスク（CD, DVD等）のレーザ光学系に使われているレンズは（2）の例である．

レンズ内の一点を光線がどう通るかを考えると，（1）で使われるレンズでは，いろいろと異なる方向に進む多くの光線が通過するのに対して，（2）で使われるレンズでは，ある特定の一つの方向にのみ通過する．この2種類のレンズそれぞれについての概念図を，**図4.1**に示す．

図（a），（b）それぞれで使われるレンズの構成・特性は大きく異なるが，基本的な部分の

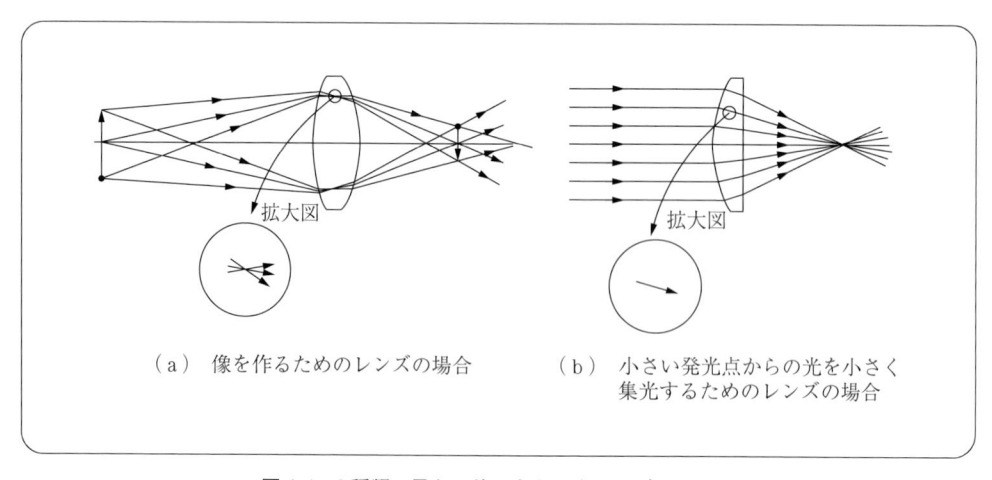

（a） 像を作るためのレンズの場合　　（b） 小さい発光点からの光を小さく集光するためのレンズの場合

図4.1　2種類の異なる使い方を示すレンズの概念図

考え方は共通しているので，ここではまずその共通する部分について述べる．

4.2 単レンズと組レンズ

3章の後半では薄い単レンズ（レンズの中心厚さを0とみなしたレンズ）について述べたが，これはメガネレンズに適応できるくらいで，大部分のレンズ，特に結像レンズには適応できない．現実のレンズには当然厚さがある．単レンズの場合も，近視用メガネレンズ（凹レンズ）のようにレンズの中心部では数mmと薄いレンズもあるが，凸レンズは周辺部より中心部が厚いので，厚さを無視できない場合が多い．そのようなレンズを**厚い単レンズ**と呼ぶ．これらのレンズの大部分のレンズ媒質は"光学ガラス"で作られる．光学ガラスについては，次ページの談話室で簡単に紹介している．

同一焦点距離（後述）の凸単レンズの断面形状とその呼び名を**図4.2**に示す．この図で示している断面形状は，光軸を含む一つの平面でそのレンズを切った場合の，レンズの切り口の形状である．光軸を通るすべての光線は，その平面を光軸を回転軸として回転させることにより，その光線を断面平面図上に描くことができる．すなわち，光軸を通る光線束は光軸に対して回転対称に振る舞う．その振舞いは1本の光線で代表させることができる．

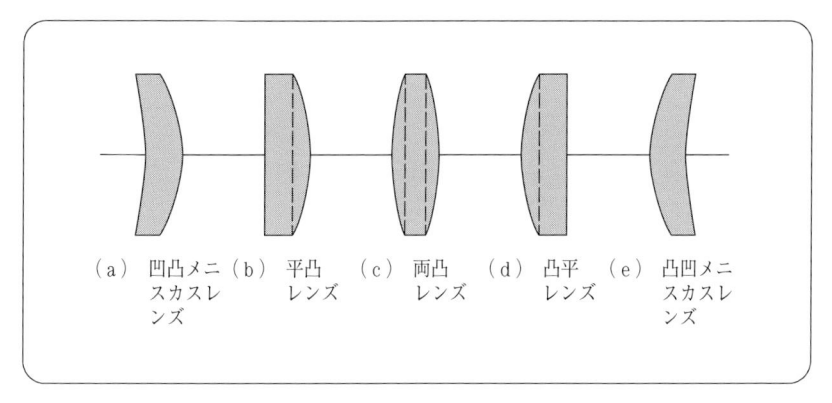

(a) 凹凸メニスカスレンズ　(b) 平凸レンズ　(c) 両凸レンズ　(d) 凸平レンズ　(e) 凸凹メニスカスレンズ

図4.2 同一焦点距離の凸単レンズの断面形状とその呼び名

これからのレンズの図ではすべて，光は紙面に向いた場合，左手方向から右手方向に進むとする．これはこれからのすべてに共通の約束である．これらの性質および約束は，共軸光学系すべてに共通である．

この図の(a)と(e)，(b)と(d)の単レンズは，紙面を折り返せば同じ断面形状になる

が，第1屈折面と第2屈折面の形が異なるので，その呼び方も変わり，光学特性も変わる．

単レンズに対して，複数枚の単レンズを，光軸を共通にして組み立てたレンズ（共軸光学系）がある．これは**組レンズ**と呼ばれる．実像結像光学系の大部分は組レンズである．共軸組レンズの構成（光軸を通る平面での断面図）の一例を**図4.3**に示す．このように複雑な構成にする理由は「収差」を小さくするためである．「収差」については6章で詳しく述べる．

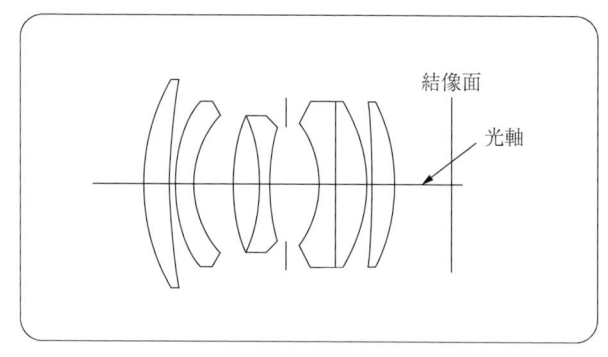

図4.3 共軸組レンズの構成の一例
（一眼レフカメラ用レンズ）

☕ 談 話 室 ☕

光学ガラス　結像あるいは集光に使われる高性能レンズに使われるガラスは，特に**光学ガラス**と呼ばれる．

ガラス中にわずかな屈折率の違いがあると，それは光線の方向を所望の方向からずらす結果となり，よい集光特性が得られない．2章で述べた"均質媒質"でなくなるからである．光学ガラスは，光学的に見て非常に均質度を高くして泡を含まないガラスである．

「光学ガラス」を製造するためには，高温炉（「るつぼ」と呼ばれる）の中でガラスを溶かし，希望する特性（屈折率，色分散）が得られるように種々の添加物を加え，均質になるように十分に撹拌した後，その炉の温度を非常にゆっくり下げていく（アニーリング）ことによって作られる．少し前までは，この大きいかたまりの光学ガラスを割って，一つひとつのかたまりを一つのレンズ用光学ガラス媒質としていた．割れるのは，応力や脈理（屈折率が急激に変化する筋状の部分のこと）が生じている部分であり，そういう箇所に沿って割れるからである．

この製造法は経験の蓄積によってのみ得ることができる．ノウハウのかたまりである．「光学ガラス」を量産できる大手の会社は，世界中で10社に満たない．

近年では，性能がよい「光学プラスチック」もいくつかの種類が生産・使用されるよ

うになった．しかし光学ガラスに比べて，①熱膨張率が大きい，②応力に対する複屈折性†が大きい，③経年変化が大きい，ことにより，高性能結像光学系のレンズ媒質としては，依然として光学ガラスが使われている（色収差補正に自由度があることも理由の一つである）．

4.3　凸レンズと凹レンズおよびレンズ光学面の形状

これまで，光学系の光学面（光が反射または屈折する面）は球面（あるいは平面）と仮定してきた．実際に使われている大部分の光学面は球面である．この節では，まず凸レンズと凹レンズについて簡単に述べ，次に大部分の光学面がなぜ球面であるかについて述べる．

4.3.1　凸レンズと凹レンズ

単レンズまたは組レンズ全体として，レンズに平行光が入射した場合，その光を収束させる働きを持つレンズを「正のパワーを持つレンズ」，通称**凸レンズ**と呼び，光を発散させる働きを持つレンズを「負のパワーを持つレンズ」，通称**凹レンズ**と呼ぶ．例として3章の最後で述べた近視用メガネレンズは凹レンズであり，図4.3のカメラ用結像レンズは凸レンズである．

また後述するように，凸レンズの像焦点距離は正（プラス），凹レンズの像焦点距離は負（マイナス）である（「レンズのパワー」は，像焦点距離の逆数で定義される）．

4.3.2　レンズ光学面の形状

なぜ大部分の光学面が球面（あるいは平面）であるかは光学面の歴史的な製造法にある．光学面は，光の散乱を少なくし大部分の光が光線の反射の法則，あるいは屈折の法則に従って進むために，「光学的鏡面」でなければならない．比較的高性能な光学部品の光学面の

---

†　複屈折性：光の電場（あるいは磁場）の振動方向によって屈折率が異なる現象

「表面粗さ」は入射する光の波長の 1/50（散乱光をより小さくするためには 1/100）以下にする必要がある．例えば，使用する光の波長が 0.5 μm であるとすれば，その光学面の表面粗さは 5 nm 以下にしなければならない（「表面粗さ」の定義については，次ページの談話室で簡単に述べる）．

そのように表面粗さが小さい曲面にするためには，「研磨」という加工法が使われる．研磨とは**研磨材**と呼ばれる（練り歯磨きに含まれているような）非常に小さく硬い粒子を水に含ませて，その型（光学面が凸面の場合はそれと同じ曲率を持つ凹面）の間に入れて，表面を磨いていく．加工されるある一点を考えると，その点を研磨する方向が特定の方向に偏らないように，この磨いていく方向をランダムにする．この研磨を実現するために，**図 4.4** に示すように，その可動中心を一致させて公転しながら自転する回転運動をさせながら研磨していく．このような研磨加工ができる曲面は回転中心を一点だけ持つ球面に限られる．

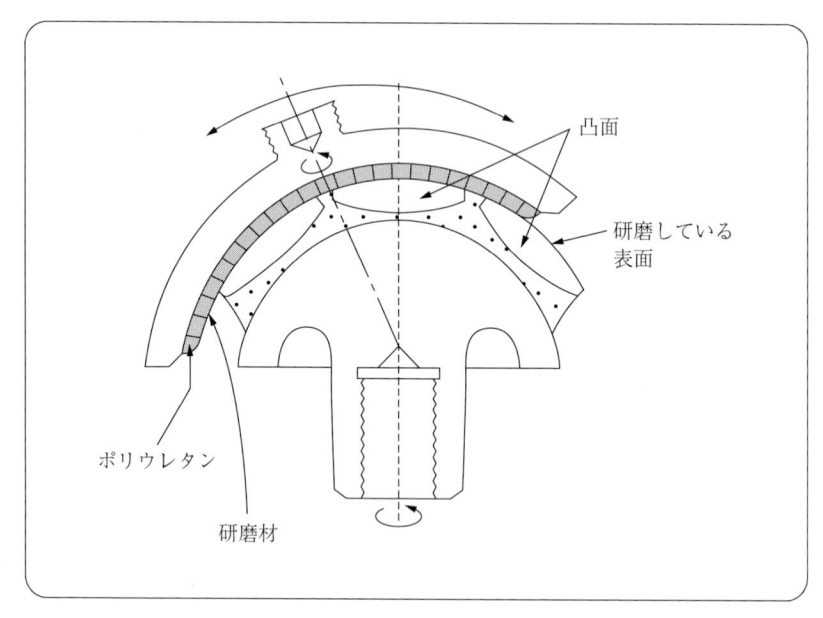

図 4.4　球面研磨加工機で研磨の様子がわかりやすいようにした概念図

近年は「ナノテクノロジー」という言葉がよく使われるが，球面光学レンズの表面については，かなり以前から，ナノテクノロジーを実現していたことになる．

以上が従来の光学面の大部分が球面である理由である．現実のレンズの製造については，この本の主目的とはずれるので，本章では述べない．次ページの談話室「レンズの製造工程」に掲載しているので，興味を持った場合は見てほしい．

ところが近年（1980 年頃以降），いわゆるナノテクノロジーの発達により，研磨でなくても表面粗さが非常に小さい表面加工技術が発達してきたこと，およびレンズの材料として透

明度の高い光学プラスチックや従来の高融点の光学ガラスではなく，低融点光学ガラスが開発されたことなどにより，金属の型でレンズが作れる（**モールド法**という）ようになってきた．この方法では，型の光学面に対応する面について，非常に表面粗さの小さい面ができると，その光学面形状は球面には限定されなくなる．この技術が進んだもう一つの要因として，レンズの低コスト化の要求がある．光学面が球面（あるいは平面）でない光学曲面はすべて**非球面**と呼ばれる（非球面光学部品については 8.2 節参照のこと）．

☕ 談 話 室 ☕

表面粗さ　元々は金属などの表面加工状態を表すために定義された量である．いくつかの定義があるが，ここではその一つについて述べる．

表面粗さの値を定義するための概念図を，**図 4.5** に示す．この測定には機械的触針法や光学的干渉法が使われる．この微細高さを $h(x)$ とすると，表面粗さ Δh_{rms} は次式で定義される．すなわち，うねり成分の平均高さからの細かい高さの変化成分の平均 2 乗差で定義する．

$$\Delta h_{rms} = \left[\frac{1}{l} \int_a^{a+l} \{h(x) - \overline{h(x)}\}^2 dx \right]^{\frac{1}{2}}$$

ここで，$\overline{h(x)}$ は次式で定義する．

$$\overline{h(x)} = \frac{1}{\Delta l} \int_{x-\frac{\Delta l}{2}}^{x+\frac{\Delta l}{2}} h(x) \, dx$$

ここで，Δl は高さ $h(x)$ の細かい変化長さの 1 桁以上長く，l に比べて十分短い長さで定義される．例えば，図 4.5 では，l は 2 mm で，Δl は 0.02 mm にとる．

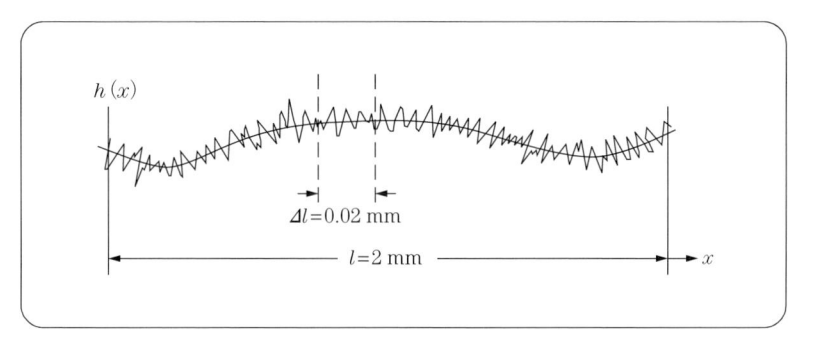

図 4.5 表面粗さの値を定義するための概念図

☕ 談 話 室 ☕

レンズの製造工程　4.3 節では，レンズ表面の表面粗さを使用する波長帯の 1/50～1/100 以下にして，光学表面での散乱光成分を非常に小さくすることが必要であ

4. 現実のレンズ

り，そのためにレンズ表面の「研磨」が必要であることを述べた．そして，その研磨を方向の偏りなく実現するためには，必然的にレンズ表面は球面になることを述べた．

ここでは実際のレンズはどのような工程（ステップ）で製造されているかについて，簡単に紹介する．

① 材料取り：光学ガラス材料を適当な大きさに切断し，高熱にして柔らかくし，丸く加工する．
② 粗加工：所望のレンズ形状に近づくように削る．
③ スムージング：表面の深いクラックを取り除き，寸法を出す．
④ みがき（磨き）：レンズの表面を研磨して面精度を出すと同時に表面粗さを非常に小さくする．
⑤ 芯取り：レンズの外周部を，ある（回転対称）軸に関して回転対称になるように削る．
⑥ （接合）：（接合または張合せ）レンズの場合，レンズを張り合わせる．
⑦ コーティング：レンズの表面に反射防止膜（多層）を（蒸着法により）付ける．
⑧ 枠への組込み：レンズ保持枠にレンズを固定する．複数枚の単レンズからなる組レンズの場合は，それぞれの単レンズの光軸を一致させる（共軸光学系）．

⑥の芯取りの作業の概念図を図 4.6 に示す．この図のように，ある軸を中心に回転するレンズ固定ジグにレンズを固定し，回転させる．このレンズの光軸と回転軸が一致していないと，レンズ表裏面からのわずかな反射光がレンズの回転に応じて反射光が回転する．この回転がなくなる（すなわち回転半径が 0 になる）ようにレンズの固定角（傾き）を調整し，その後，荒い砥石でレンズの外周部を削る．その後，このレンズの縁で

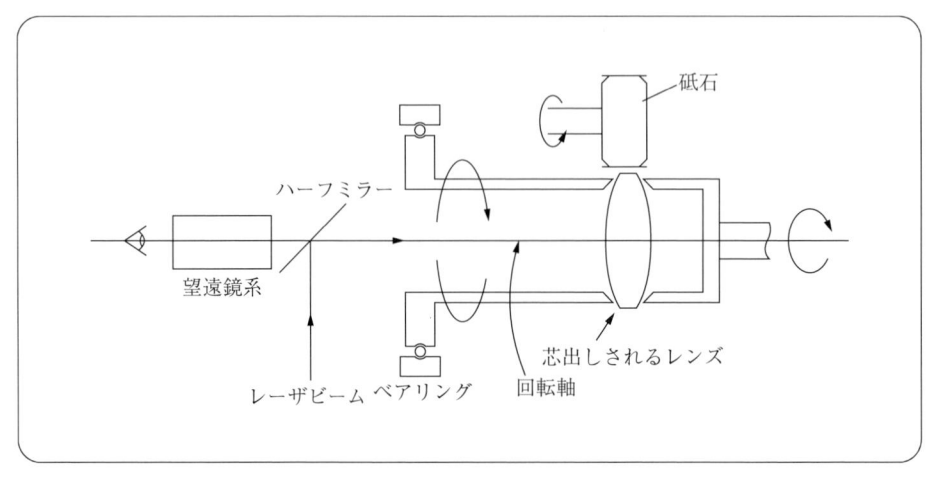

図 4.6 レンズの芯取り加工の概念図

の光の散乱反射を小さくするために，黒塗料で塗る場合もある．

いずれにせよ，このように最後に回転対称軸（光軸）を定めることができるのは，両面が球面（あるいは片面が平面）の場合に限られることは重要なことである．

4.4 レンズの主要点と長さの定義およびその符号の約束

本章のこれまでに述べてきたレンズの基本的な働きを考える．この節では，厚い単レンズと共軸組レンズを含めて，一つのブラックボックスとして扱う．電子回路の特性を議論するときに（中の回路については考えずに）入力電気信号と出力電気信号の特性だけで表すブラックボックスとして扱うやり方がよく使われる．レンズをブラックボックスとみなす場合の入力・出力は，光線（の光軸からの高さおよび進む方向）である．

4.4.1 主要点

すべての共軸光学系に対して，近似でなく適応できる共通の関係式について説明する．そのために，そのレンズ（系）で一義的に定まる主要点について述べる．

〔1〕**焦　点**　光軸に平行な光線束（これは「向かって左手方向の光軸上無限遠に点物体がある」のと同じこと）がそのレンズ（系）に入射する場合，その近軸像点を「像焦点」（焦点：focus，または focal point）と定義し，記号 F′ で示す．

これと逆に，レンズ通過後光軸に平行な平行光線束（これは「向かって右手方向の光軸上無限遠に近軸像点がある」のと同じこと）を作る物点の位置を「物体焦点」と定義し，記号 F で示す．

像焦点：F′，物体焦点：F を，凸レンズ，凹レンズそれぞれの場合について，図 4.7（a）〜（d）に示す．

〔2〕**主　点**　〔1〕で定義した焦点（F，F′）を決定する物体空間の光線と，その光線が光学系を通過した後の像空間の対応する光線の交点を考える．共軸光学系では，この2本の光線は必ず交わる．そして，入射光線が光軸に接近した極限として定義される光軸上の点を「主点」（principal point）と定義する．その位置の概念的な様子を凸レンズの場合について図 4.8 に示す（光軸上を進む光線はレンズ通過後も光軸上を進むので，「一つの交

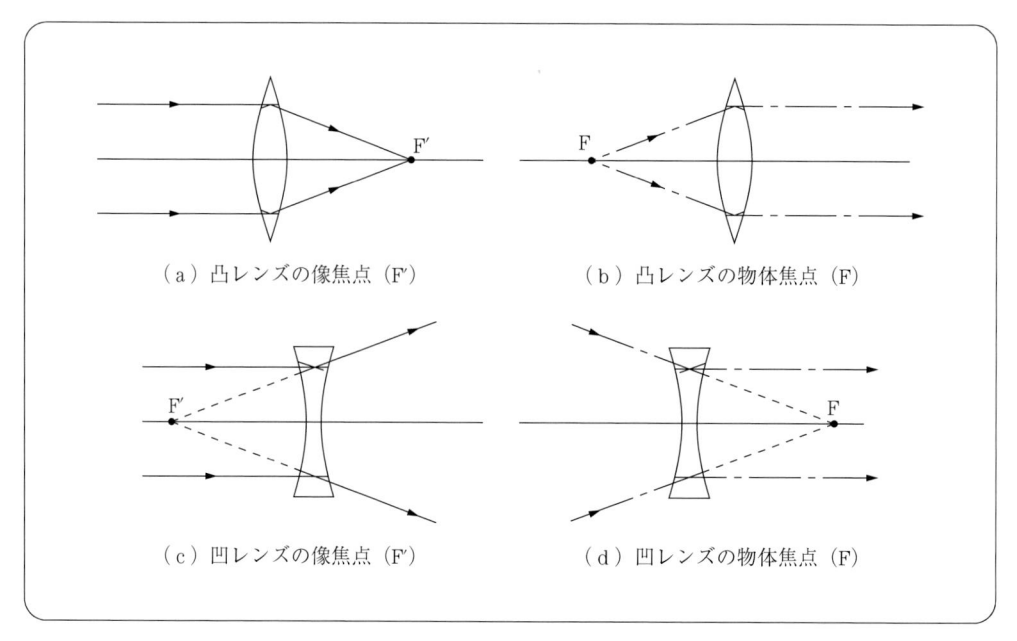

図4.7 凸レンズ，凹レンズの像焦点：F'，物体焦点：F を示す概念図
（実際には光軸に平行な近軸光線束で決められる）

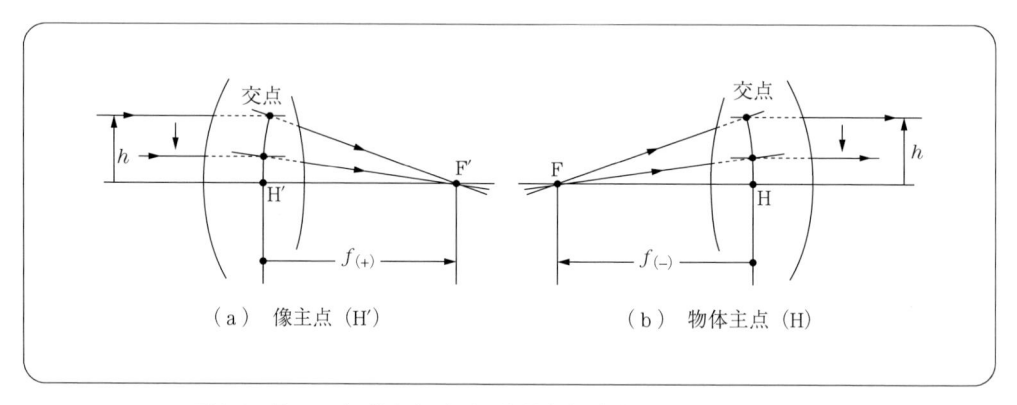

(a) 凸レンズの像焦点（F'）　　(b) 凸レンズの物体焦点（F）
(c) 凹レンズの像焦点（F'）　　(d) 凹レンズの物体焦点（F）

図4.8 凸レンズの像主点（H'），物体主点（H）の位置を示す概念図

(a) 像主点（H'）　　(b) 物体主点（H）

点」は存在しないが）．この主点にも，物体主点（H）と，像主点（H'）がある．

像焦点（F'）に対応する主点を**像主点**と呼び，H' で示す．同様に，物体焦点（F）に対応する主点を**物体主点**と呼び，記号 H で示す．それぞれの主点を通り光軸に直交する面を**主面**という．物体主面と像主面は，「横倍率（後述）が $+1$ の対応する対の面」である，と定義することもできる．

〔3〕**節　　点**　主要点のもう一つとして，節点（nodal point）がある．節点は，光軸上からのある小さい角をなす光線が像空間で光軸と交差する角度が等しい光軸上の点の対と定義される．

この点は，物体空間の屈折率と像空間の屈折率が同じである場合には，主点と一致する．大部分のレンズは大気中で使われるので，両空間の屈折率は大気の屈折率なので等しく，この節点は主点と同じ点になるので，ここではこれ以上は述べない．

4.4.2 長さの定義とその符号の約束

長さについては光軸方向を z 軸とし，それと垂直な方向を x-y 軸とする直交座標系を定義する．共軸光学系を仮定しているので，x-y 軸はどのようにとってもよい．一般には，光軸上にない想定した物点と光軸を含む面（**メリディオナル面**と呼ぶ．日本語では**主平面**というが，主面（後述）と間違えやすいので，ここでは英語名で呼ぶことにする）を含む方向を y 軸とする．そして座標系，符号を含む長さの定義を，次のように定める．

（1） 物体空間の原点を H，像空間の原点を H′ とする．
（2） すべての長さは，光軸に平行な長さ，あるいは光軸に垂直な長さで，符号を含めて定義する．
（3） 焦点距離は，それぞれの主点からそれぞれの焦点までの距離と定義する．
　　 それぞれの空間の焦点距離は，**物体焦点距離**，**像主点距離**と呼ばれ，記号 f，および f' で示す．
（4） この焦点距離の符号は，3.4 節で述べたように，向かって右手方向を正，左手方向を負，と約束する．
（5） 光軸と垂直方向の長さの符号は，図で上方向を正，下方向を負と約束する．
（6） 光学面の曲率半径（r）の長さは，光軸に沿った長さで定義し，その方向は光学面から曲率中心（C）の方向へ測る，と約束する．

4.5 現実のレンズの近軸結像関係

このように符号を含めた長さを定義すると，近軸像点（s', h'）は次式によって，一義的に決定される．

$$\frac{1}{s'} - \frac{1}{s} = \frac{1}{f'} \left(= -\frac{1}{f} \right) \tag{4.1}$$

44　4. 現 実 の レ ン ズ

$$h' = \frac{s'}{s} \times h \tag{4.2}$$

　それぞれの位置，長さを，**図 4.9** に示す．図(a)，(b)は凸レンズの場合であり，図(c)は凹レンズの場合である．また図(a)は実像点であり，図(b)，(c)は虚像点である．
　またそれぞれの長さは，その図の場合の長さの符号を示す．

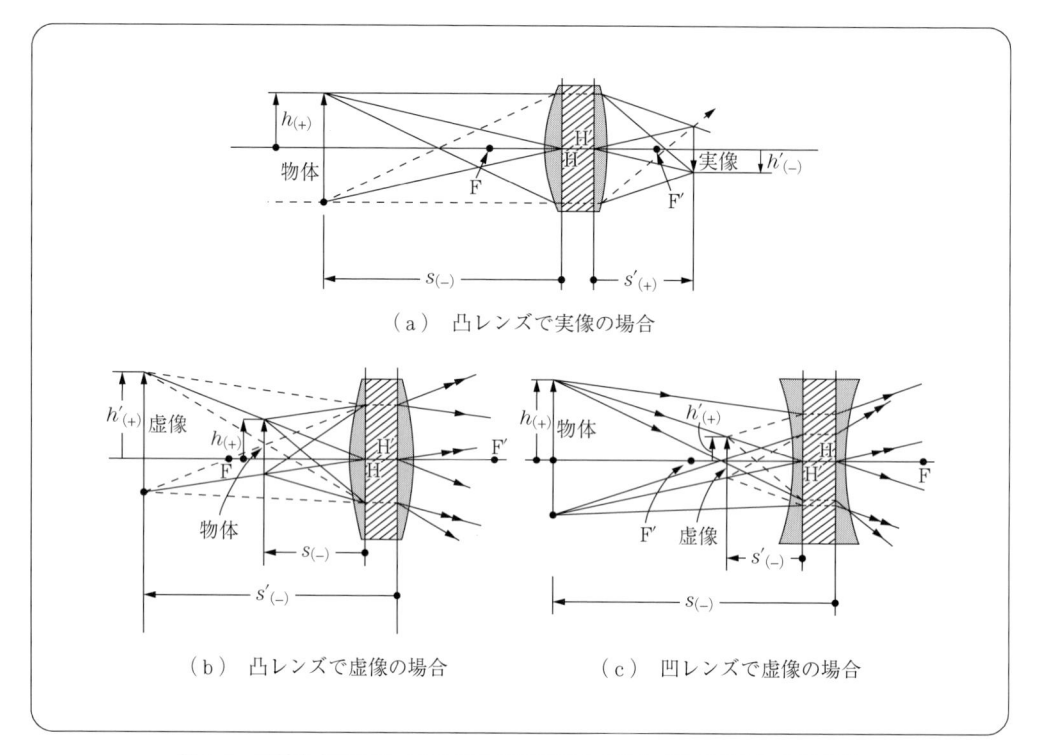

図 4.9　近軸像点の位置（およびこの図の場合のそれぞれの長さ）を示す図

4.6　像 の 倍 率

　倍率の定義を概念的に**図 4.10** に示す．光学では習慣として，光軸と垂直なすべての方向を**横方向**（lateral direction）と呼び，光軸方向を**縦方向**（longitudinal direction）と呼ぶ．図では y 方向は，普通，縦方向であるが，光軸に垂直方向であるから「横方向」である．倍率は物点がそれぞれの方向へ微小距離移動した場合，その像点の移動距

4.6 像の倍率　　**45**

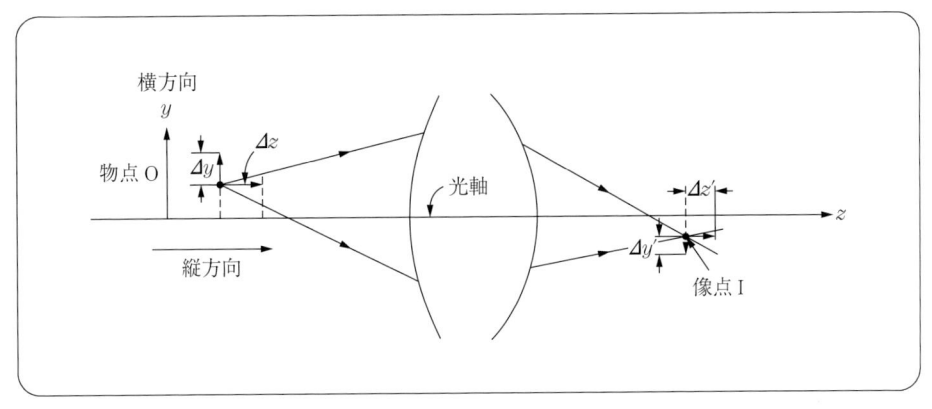

図4.10 横倍率と縦倍率の定義を示す概念図

離の符号を含む割合として定義される．

4.6.1　横　倍　率

図4.10において，物点Oがy方向（横方向）へわずかにΔyだけ上側（正方向）へ動いたとき，像点Iが$\Delta y'$だけ（符号を含めて）移動したとき，横倍率（$M_{lateral}$）は次式で定義される．

$$M_{lateral} = \frac{\Delta y'}{\Delta y} \tag{4.3}$$

これを近軸結像関係式(3.15)′を用いて書き直すと，次式になる．

$$M_{lateral} = \frac{y'}{y} \tag{4.4}$$

4.6.2　縦　倍　率

図4.10において，物点Oがz方向（横方向）へわずかにΔzだけ光軸（の正）方向へ動いたとき，像点Iが$\Delta z'$だけ（符号を含めて）光軸方向へ移動したとき，縦倍率（$M_{longitudinal}$）は次式で定義される．

$$M_{longitudinal} = \frac{\Delta z'}{\Delta z} \tag{4.5}$$

これを近軸結像関係式(3.15)′を用いて書き直すと次式になる．途中の計算は付録6に示す．

$$M_{longitudinal} = \frac{\Delta z'}{\Delta z} = \left(\frac{y'}{y}\right)^2 \tag{4.6}$$

4.7 作図による近軸像点の決定

　ある物点から出て光学系に入射し，その光学系を出る光線束のうち，近軸光線束は必ずある点（実像点）を通過するか，あるいはある点（虚像点）から出るように進む．そのある点（像点）を，計算で決定する方法については 4.5 節で述べたが，この節では図に描画することにより決定する方法について述べる．

　4.4 節で定義した主点を通り，光軸に垂直な面を「主面」と定義する．近軸光線については，同節で述べた主点の定義でもこう考えてよい．すなわち，物体主点を通る光軸に垂直な平面を**物体主面**，像主点を通り光軸に垂直な平面を**像主面**と呼ぶ．この二つの面の間では，光線が光軸に平行に進むとみなす（あえていうと，横倍率が +1 の共役面という）．別のいい方をすれば，横倍率が +1 の共役面を考えると，その共役面が二つの主面になるということもできる．「横倍率」については，4.6 節でその定義について述べた（厳密にいうと，この主面は光軸を回転軸とする曲面になるが，ここではそのことには言及しない）．

　二つの主点，焦点が与えられた場合に，ある物点の近軸像点の位置を決定する場合に，代表的な 3 本の光線が使われる．その 3 本の光線とは

① 物点から出て光軸と平行に進む光線は，（像空間では）像焦点（F′）を通るように進む．

② 物点から出て物体焦点（F）を通るように進む光線は，（像空間では）光軸と平行に進む．

③ 物点から出て物体主点（H）を通るように進む光線は，（像空間では）像主点（H′）を通り，物体空間のその光線が光軸となす角度と同じ角度で進む．

物体空間，像空間については，5.4 節で説明している．

　この代表的な 3 本の光線は一点で交わる．その交点が近軸像点である．その例を**図 4.11**に示す．

　これらの図は，わかりやすいように，近軸光線ではなく光線の光軸となす角度が大きい図で表しているが，これらが成立するのは，物点および近軸像点が光軸に近く光線が光軸となす角度が小さい（10°以下）場合である．

(a) 凸レンズによる実像点の場合

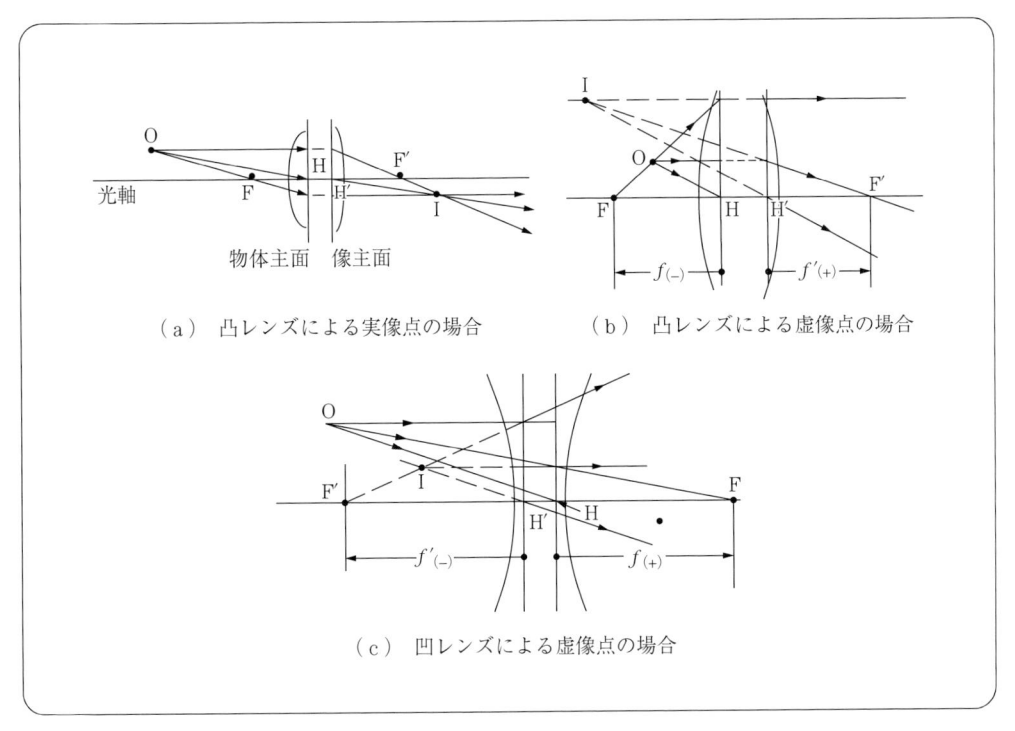

(b) 凸レンズによる虚像点の場合

(c) 凹レンズによる虚像点の場合

図 4.11　作図により近軸像点を求める例

4.8 実像と虚像

　一般の共軸光学系において近軸像点の位置は式(4.1), (4.2)で一義的に決定される．また作図によっても決定できる．この像点が実際に光線束が一点に集まる場合，その集光点を「実像」点と呼ぶ．これとは逆にこの像点には集光せずに，その像点から光線束が出るように見える場合，その集光点を「虚像」点と呼ぶ（図 3.1 参照）．

　式および作図による近軸像点の決定からわかるように，凸レンズの場合，物点が物体焦点（F）より左手方向にある場合（すなわち，$s<f$ の場合），そのレンズによる近軸像点は実像点になり，物点が物体焦点（F）より右手方向で，かつレンズより左側にある場合（すなわち，$s<0$ で，$s>f$ の場合），そのレンズによる近軸像点は虚像点になる．また，凹レンズの場合には，物点がレンズの左側にある場合は，必ずその近軸像点は虚像点になる．

　横倍率の符号は，実像（点）の場合はマイナスになり，虚像（点）の場合はプラスになる．

本章のまとめ

❶ 結像作用を実現するレンズの目的は大きく，(1) レーザ光を効率よく集光し，小さい点に絞り込む機能を持たせる．(2) 像を作る（結像作用），に分類される．

❷ 結像作用のためのレンズの大部分は，単レンズの光軸を一致させた複数の単レンズの組（**組レンズ**と呼ばれる）で構成される．

❸ レンズの主要点として，焦点（F，F′），主点（H，H′）が定義される．

❹ 主点は物体空間，像空間の原点と定義される．

❺ 光軸方向についてのすべての長さは，「主点からの符号を含む距離」として定義する．

❻ 光軸と垂直方向の長さは，「光軸からの符号を含む高さ」で定義する．

❼ ❺，❻のように長さを定義すると，近軸結像の像点（s', h'）は次式で与えられる．

$$\frac{1}{s'} - \frac{1}{s} = \frac{1}{f'}\left(= -\frac{1}{f}\right), \quad h' = \frac{s'}{s} \times h$$

❽ 像の（横）倍率は次式で与えられる．

$$M_{lateral} = \frac{y'}{y}$$

❾ 近軸像点の位置は，代表的な3本の光線の交点として作図で決めることができる．

❿ 一点から出て光学系を通過した光線束が，実際に一点に集光する場合，その像点を**実像**（点）と呼び，ある（実際にはない）点から光線束が出るように見える場合，その像点を**虚像**（点）と呼ぶ．

●理解度の確認●

問 4.1 レンズを使う目的は大きく二つに分けられる．その二つとは何か．

問 4.2 大部分のレンズの表面（光学面）の形状は球面である．その理由を述べよ．

問 4.3 実際のレンズの像焦点距離は，どこからどこまでの符号を含む長さとして定義されるか．

問 4.4 レンズの主要点とは何か．

問 4.5 像焦点距離が+50 mmのレンズにおいて，物点の位置が光軸方向−300 mm，光軸と垂直方向+30 mmであるとき，その近軸像点の位置（光軸方向，光軸と垂直方向）を計算で求めよ．ただし，物点の原点は物体主点（H）であり，像点の原点は像主点（H′）である．

問 4.6 問4.5と同じ構成で，近軸像点の位置を代表的な3本の光線の交点として作図により決めよ．

5 実際のレンズのパラメータ

　前章では光軸と平行に近い光線束による結像（近軸結像）の特性について述べたが，実際の結像レンズでは，そのような制限はほとんどの場合，満足させることはできない．

　本章ではまず，この制限から外れた場合の結像光学系がどのようになっているかを簡単に紹介する．そして次に，結像光学系において，光線束を制限するために置かれる部品「絞り」について，その働きとそれに関連して定義される「瞳」について述べる．これらは，レンズの特性を左右する重要な働きを持っている．ここではこれまでと同じく，共軸結像光学系を仮定している．

5.1 結像レンズ

実際の（結像）光学系では，近軸光線から外れた光線束による集光，あるいは結像を行う必要がある場合がほとんどである．これは，その物点の位置が光軸から大きく離れている場合と，物点は光軸近傍にあるが，光学系の口径が大きく，大きい角度で入射あるいは射出する場合，あるいはそれら両方を含む場合がある．これらの場合には，一点（物点）から広がって出て，（結像）光学系を通過した光線束が一点（像点）に集まることが実現されなくなる．この現象は**収差**と呼ばれる．これについては，6 章で詳しく述べる．

このような実際の光学系でも，前章で述べた主要点は重要な基本点であり，特に，像焦点（F'）および像焦点距離（f'）は重要である．「像距離（f'）は，像主点から像焦点までの符号を含む長さ」として定義される．高解像度（p.86 の談話室「結像光学系の解像力・分解能」参照）で広い画角（5.2 節で述べる）を確保する結像を目的とするレンズは，収差を小さくするために，必然的に組レンズの構成となり，この組レンズの内部に（開口）絞りを設ける．また露出時間を制御するために，シャッターを設ける場合もある．

5.2 画 角

実像を写真フィルムや電子撮像素子（ビジコン，CCD，CMOS 等）に記録あるいは検出する（「撮る」，「写す」あるいは「撮像する」という）場合，撮像面の大きさを決める．例えば，写真フィルムの場合，最も多く使われているのは，いわゆる 35 mm サイズと呼ばれる帯状の写真フィルムである．このフィルムの幅が 35 mm であるので，このように呼ばれる．このフィルムの像記録面の大きさは 24 mm×36 mm である．写真フィルムにはこのほかに APS サイズ（16.7 mm×23.4 mm（30.2 mm も可）），ブローニサイズフィルム（記録面の一辺が 60 mm で，もう一辺が 40 mm，60 mm あるいは 90 mm）がある．また，特殊な撮影に使われる 4 インチ×5 インチサイズのフィルムもある．

一方，電子撮像素子（「イメージセンサ」とも呼ばれる）はフィルムに比べて小さく，矩

形の撮像範囲の対角線長さの約1.2倍の長さをインチ単位で表現される．特に，最近の小さく携帯しやすいデジタルスチルカメラ（通称デジカメ）では，1/8インチ等があり，カメラのコンパクト化が実現されている．近年では携帯電話にデジカメが組み込まれることも多い．

記録できる矩形範囲の対角線長さあるいは長いほうの辺の長さ（d）に対応する物体空間の広がり角度を**画角**と呼ぶ．普通の撮影では，レンズから被写体までの長さは，撮像レンズの像焦点距離（f'）に比べてはるかに長いので，その場合にはこの角度 θ は次式で表される．

$$\theta = 2\tan^{-1}\left(\frac{d}{2f'}\right) \tag{5.1}$$

この様子を**図 5.1**に示す．この図ではわかりやすく示すために，像主点（H'）と物体主点（H）は一致させて書いている．また，像面は像焦点距離に比べて十分離れた物体の像を撮る場合を仮定している（大部分のカメラによる撮像はこの仮定が満足される）．

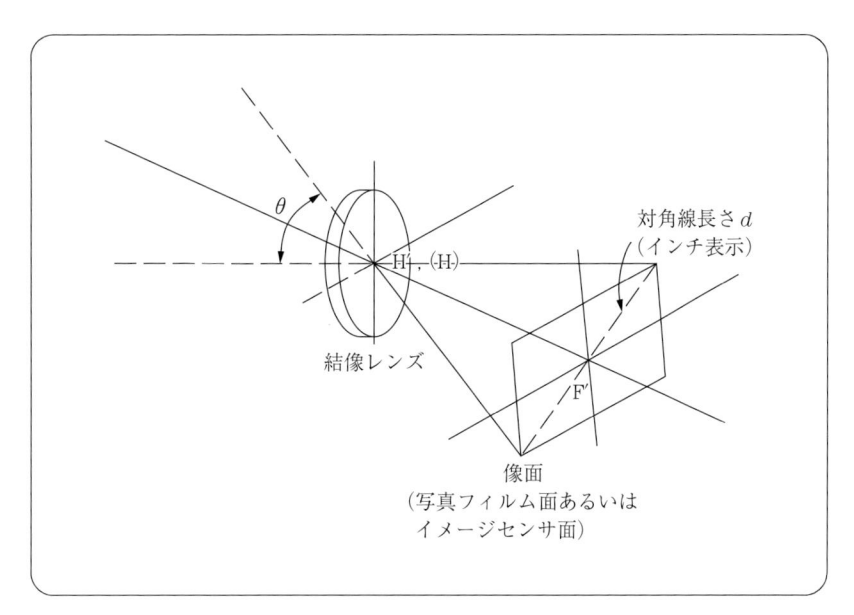

図 5.1 画角を示す概念的な図

すなわち，対角線長さあるいは長いほうの辺の長さ（d）が同じ場合には，焦点距離が短い撮像レンズほど，画角が大きくなり，広い範囲が撮像できる．ズームレンズは（像）焦点距離が連続的に変えられるので，画角が連続的に変化する．

この撮像範囲を制限するために置かれる絞りのことを**視野絞り**という（詳しくは 5.3 項〔2〕で述べる）．

5.3 絞り

　結像光学系において，光を遮る働きをする光学部品を**絞り**と呼ぶ．英語では，光を止めるので，"stop"と呼ばれる．絞りの働きは大きく二つある．一つは，おもに像の明るさを調整するためであり，もう一つは像の範囲を制限するためである．前者を**開口絞り**（aperture stop）と呼び，後者を**視野絞り**（field stop）と呼ぶ．以下にそれぞれについて，詳細に述べる．

　〔1〕**開口絞り**　　開口絞りは結像レンズの中あるいは近傍に置かれ，物体のある一点の像を形成するための光線束の量を制限する．ヒトの眼の「虹彩」に対応する．この絞りの形は，基本的には円形であるが，その円の直径を変える必要があるために，複数枚の薄い金属板で構成されるので，厳密には円形とは少し異なる．開口絞りが置かれている結像光学系の一例を図5.2(a)に示す．実際のこの絞りの例を同図(b)に示す．一般に「絞り」というと，この「開口絞り」を意味する．

　開口絞りの目的は次ページの三つである．

（a）開口絞りが置かれている結像光学系の一例

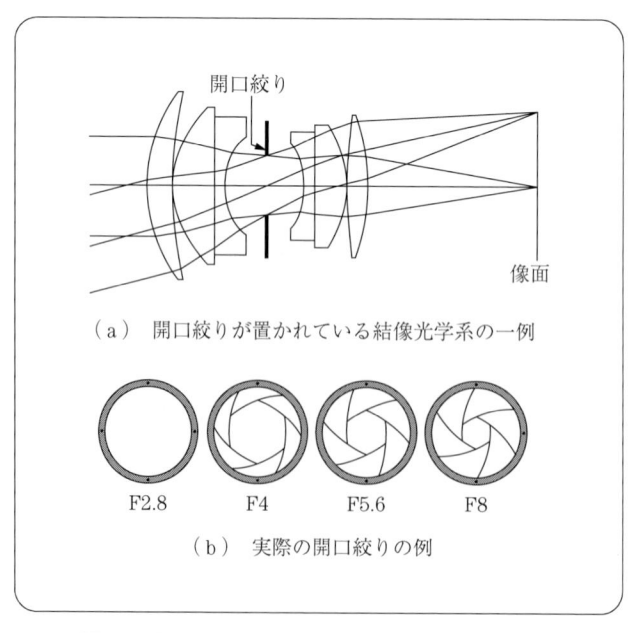

F2.8　　F4　　F5.6　　F8

（b）実際の開口絞りの例

図5.2　開口絞りを示す図（それぞれの数値F2.8等は次に述べるエフナンバーを示す）

第1の目的は，前述のように，像の明るさを調節（変える）するためである．像を記録あるいは検出する写真フィルムまたはイメージセンサ（デジタルカメラやビデオカメラでの像面の明るさを電気信号に変える働きをする）は，そのダイナミックレンジが大きくても1 000倍程度（電気的表現では60 dB）程度である．ところが，太陽がまぶしい昼間の屋外での明るさと，夜の（薄暗い）部屋の中での明るさは1万倍以上異なる．これらの明るさが大きく変わっても写真が撮れるために，この絞りの直径を変えて，結像レンズで作る像の明るさを変える．ヒトの眼の場合には，自動的に虹彩の大きさが変わる．前述の非常に明るい屋外では，その直径は1 mm以下になり，暗い（例えば映画館の中）ときには，その直径は8 mm程度と大きくなる．ヒトの眼の像検出器である網膜によるダイナミックレンジはイメージセンサに比べてかなり大きく10^6もあるが，それでも明るさの変化には対応できず，この虹彩の助けを借りて，眼の全体的なダイナミックレンジとしては，10^8にもなり，明るくても暗くても見えるようになっている．

結像レンズによる像の明るさは，普通エフナンバー（$F^\#$と表記される）で表される．エフナンバーは次式で定義される．

$$F^\# = \frac{f'}{D} \tag{5.2}$$

ここで，f'はそのレンズの像焦点距離であり，Dはそのレンズの入射瞳の直径である．入射瞳については，5.5節で述べる．

第2の目的は，被写界深度の調節である．被写界深度とは，物体の奥行方向のどの範囲がぼけずに像として記録されるかを示す用語であり，これについては，7章で述べる．

第3の目的は，収差量の調節である．これについては，6章で述べる．

〔2〕 **視野絞り**　結像を目的とする光学系において像面に置かれる絞りであり，像を写す，あるいは像を見せる範囲を制限する働きをする．この視野絞りは，（ビデオ）カメラの場合は，5.2節で述べたように矩形であり，望遠鏡（あるいは双眼鏡）や顕微鏡の場合は円形である．カメラの場合には，この絞りは写真フィルムの直前に置かれ，フィルムを露光する範囲を制限する働きをする．この像面にCCDのようなイメージセンサが像面に置かれる場合は，このイメージセンサの光強度検出範囲が視野絞りとして働く．この像面範囲を物体空間で表したものが画角である．この絞りは，望遠鏡（あるいは双眼鏡）や顕微鏡の場合は，対物レンズによる被写体の実像面に置かれる（9.2.2項および9.3.2項参照）．

5.4　物体空間と像空間

　光学系の機能は，物体（点）から無指向的に放射される光を，その光学系を通すことによって，像を作ったり集光することである．物体空間とは，（結像）光学系に入射する前の光が存在する（と考えることができる）概念上の空間であり，像空間とは，（結像）光学系から射出した後の光が存在する（と考えることができる）概念上の空間である．そして，物体空間の原点を物体主点（H），像空間の原点を像主点（H′）と定義する．この「物体空間」，「像空間」は概念上のものであり，実際の空間では重なる部分も存在することがある．この概念を使うと，次節で述べる「瞳」が理解しやすくなる．

　最もシンプルな単レンズ1枚だけの光学系で，そのレンズの縁が開口絞りである場合には，入射瞳・射出瞳もこの縁と一致するから，この場合には物体空間はそのレンズの入射側で，レンズの手前の空間であり，レンズの後側でレンズを通り抜けた光が存在する空間が像空間である（**図 5.3(a)参照**）．

　しかし，この単レンズの場合でも，虚像ができる場合，像空間は物体空間と重なる（同図(b)）．図 5.4 と図 5.5 のような組レンズで開口絞りがその中にある場合には，実像形成の場合でも，物体空間と像空間は重なる（図 5.3(c)）．

　もっと複雑な場合もある．例えば手前の（第1）光学系によって集光する光線束が次の（第2）光学系に入射する場合，第2光学系の物体空間は，集光点を含む空間と考えられる．そして第2光学系によってその像の虚像が作られる場合（9.3.1項で述べるオペラグラス

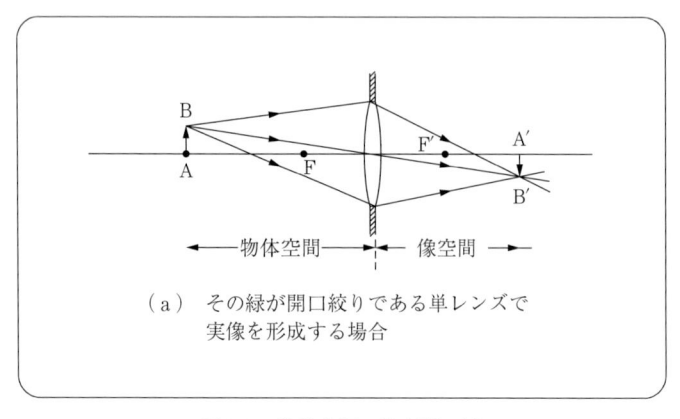

（a）　その縁が開口絞りである単レンズで
　　　実像を形成する場合

図 5.3　物体空間，像空間の例

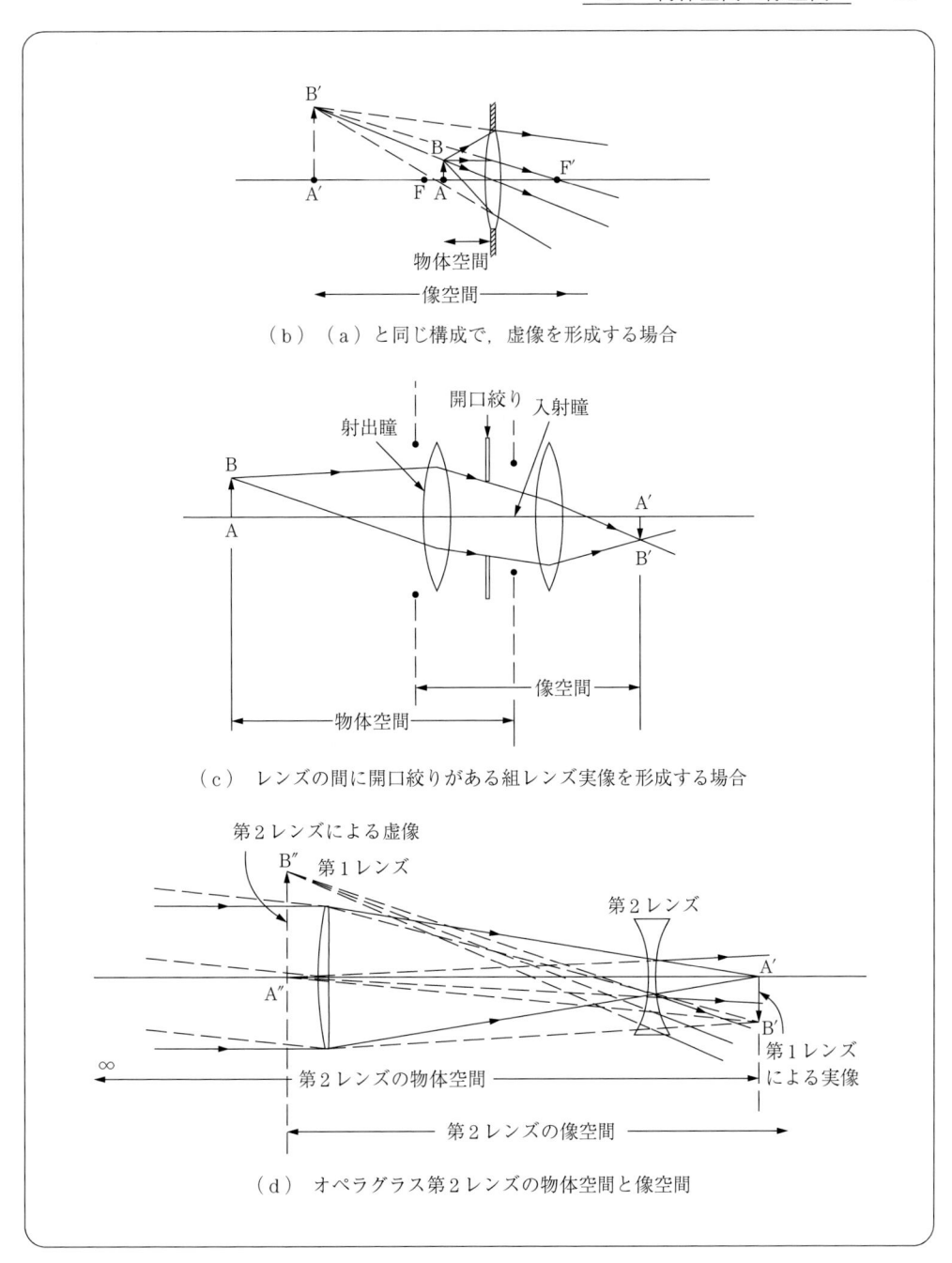

(b) (a) と同じ構成で，虚像を形成する場合

(c) レンズの間に開口絞りがある組レンズ実像を形成する場合

(d) オペラグラス第2レンズの物体空間と像空間

図 5.3 つづき

(ガリレオ式望遠鏡）の光学系）には，その虚像を含む空間が像空間になる（図 5.3(d)）．

5.5 瞳

〔1〕**入射瞳** 光学系を通過する光線束を考える場合，物体空間（後述）である穴を通った光が光学系を通り抜ける，その穴のことを**入射瞳**と呼ぶ．人の眼の瞳もこれに対応する．具体的にいうと入射瞳は，入射瞳を物体と考え，5.3〔1〕項で述べた開口絞りより入射側にある光学系での像がその開口絞りの穴の部分になるような，その物体の穴に対応する．わかりにくい表現であるが，この場合の入射瞳と開口絞りとの関係を**図5.4**に示す．

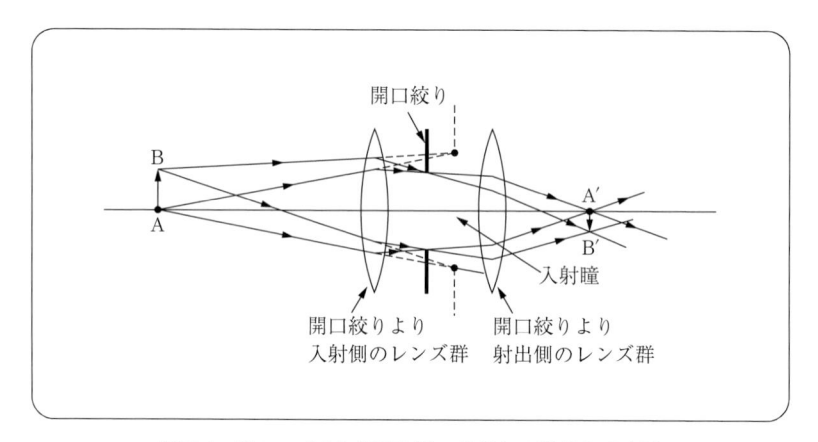

図5.4　組レンズで入射瞳と開口絞りとの関係を示す図

〔2〕**射　出　瞳** 光学系を通過する光線束を考える場合，像空間である穴から結像に関与する光線束が出てくるように見える場合，その穴を**射出瞳**と呼ぶ．具体的にいうと，射出瞳は開口絞りより後側にあるレンズ（群）による開口絞りの穴の像である．この場合の射出瞳と開口絞りとの関係を**図5.5**に示す．

この射出瞳は，像深度や収差の記述で重要である．

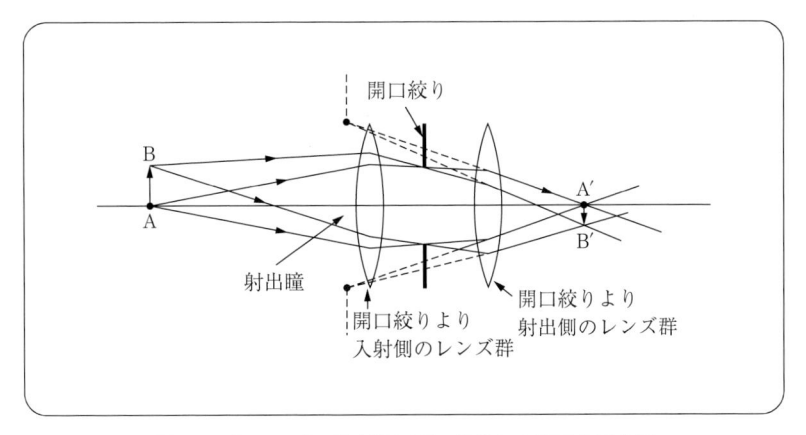

図 5.5 組レンズで射出瞳と開口絞りとの関係を示す図

本章のまとめ

❶ 結像レンズでは像面の大きさが重要なファクタである．

❷ 記録できる矩形範囲の対角線長さあるいは長いほうの辺の長さ（d）に対応する物体空間の広がり角度を**画角**と呼ぶ．

❸ 結像光学系には一般に二つの絞りを設ける．

❹ 絞りには，開口絞りと視野絞りとがある．

❺ 開口絞りは単に**絞り**とも呼ばれ
　　（1） 像の明るさを変える働き
　　（2） 被写界深度を変える働き
　　（3） 収差の程度を制御する働き
　がある．

❻ 結像光学系では，入射瞳，射出瞳という概念が重要である．

❼ 視野絞りは像の範囲を制限する．

❽ 物体空間とは，（結像）光学系に入射する前に光線束が存在するとみなせる空間のこと．

❾ 像空間とは，（結像）光学系から射出してくる光線束が存在するとみなせる空間のこと．

5. 実際のレンズのパラメータ

●理解度の確認●

問 5.1 入射瞳の定義およびその機能を述べよ．

問 5.2 射出瞳の定義およびその機能を述べよ．

問 5.3 図 5.6 において，入射瞳，射出瞳の位置と大きさを求めよ．ただし，開口絞りは円形であり，その中心位置を S，直径は 10 mmφ とする．また，開口絞りより物体側のレンズ群について，H_F は物体主点，H_F' は像主点，f_F'（＝＋60 mm）は像焦点距離とし，開口絞りより像側のレンズ群について，H_R は物体主点，H_R' は像主点，f_R'（＝70 mm）は像焦点距離とする．また，$H_F' \to S$ の長さ，$H_F \to S$ の長さは図示のとおりとする．

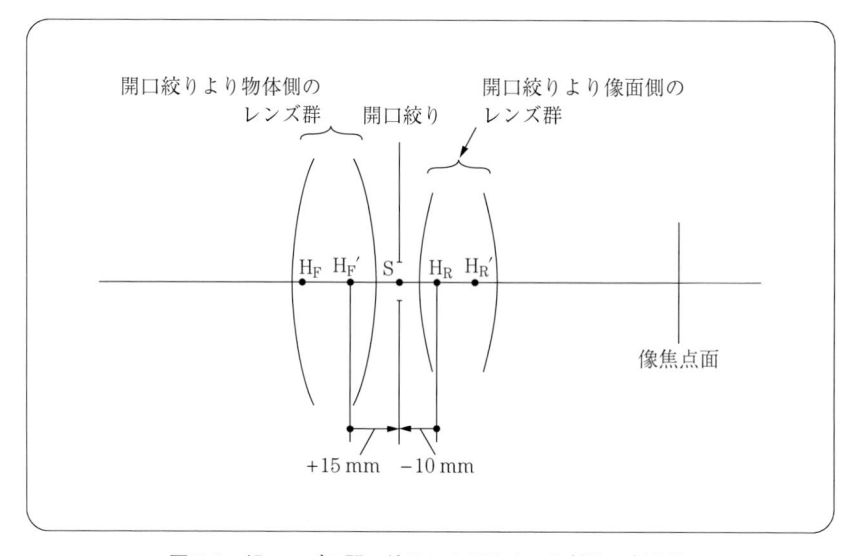

図 5.6 組レンズの開口絞りにより決まる入射瞳，射出瞳

問 5.4 記録できる像の対角長さが 10 mm であり，その結像レンズの像焦点距離が 20 mm であるとき，画角は何度か．

6 収差

　これまでの章では，近軸光線による結像について扱ってきた．その場合には，一点から出て光学系を通過する光線束はある関係で一義的に決まる一点（近軸像点という）を必ず通過するように進む．しかし実際の光学系では，そのような現象はまれであり，近軸像点を通らない光線が多く存在する．このように共通の一点を通らない光線が存在する現象を収差といい，そのような光学系を「収差がある光学系」と呼ぶ．
　本章では，この収差の現象の基本的な部分について紹介する．

6.1 収差の例とその大きい分類

まず一つの例として，凹面球面ミラーによる結像について考える．3.2 節で述べたように，図 6.1 に示す光学系で，近軸像点のミラー頂点からの距離 s' は次式で与えられる．この図では，s, s', r はすべて正としている．

$$s' = \frac{r \times s}{2s - r} \tag{6.1}$$

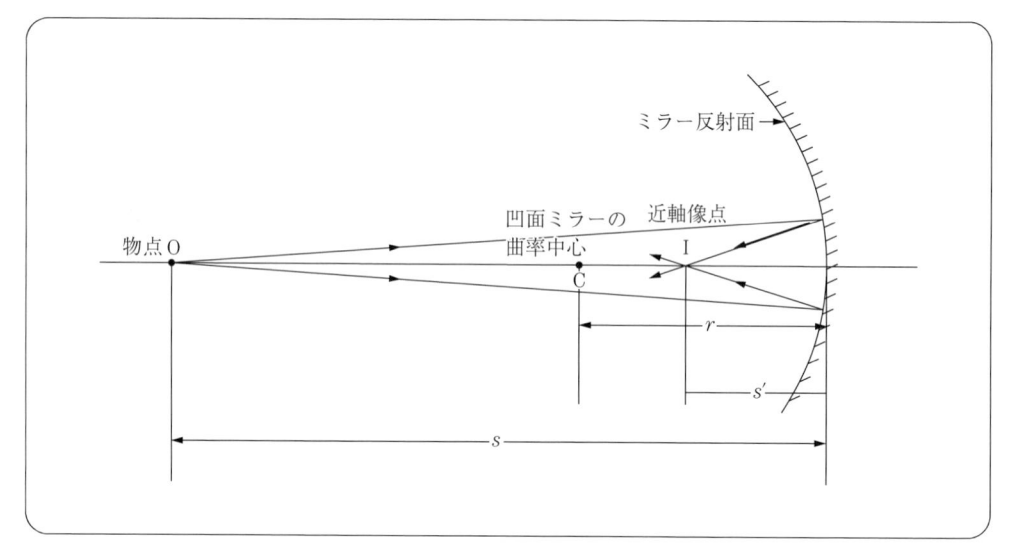

図 6.1 凹面球面ミラーによる一点から出る光線束の集光状態を示す図

3.2 節で，$\sin\theta = \theta$ の近似を用いない厳密な反射光線の基準軸との交点の，ミラー中心 V からの距離を s'' とすると，式(3.1)～(3.3)より，次式が得られる．この s'' は明らかに，θ の関数である．

$$s'' = r - \frac{\sin\theta}{\sin(\theta + 2\alpha)}(s - r) \tag{6.2}$$

ここで

$$\alpha = \sin^{-1}\left(\frac{s-r}{r}\sin\theta\right) \tag{6.3}$$

である．

式(6.2)は，式(6.3)で，$\theta \to 0$ の極限にすれば，式(6.1)になる．近似せずに正確に s'' が

6.1 収差の例とその大きい分類

θ によってどのように変化するかを，$r = +100$ mm，$s = +200$ mm の場合について**図6.2**(a)に示す．この集光点近傍の様子を拡大して図(b)に示す．

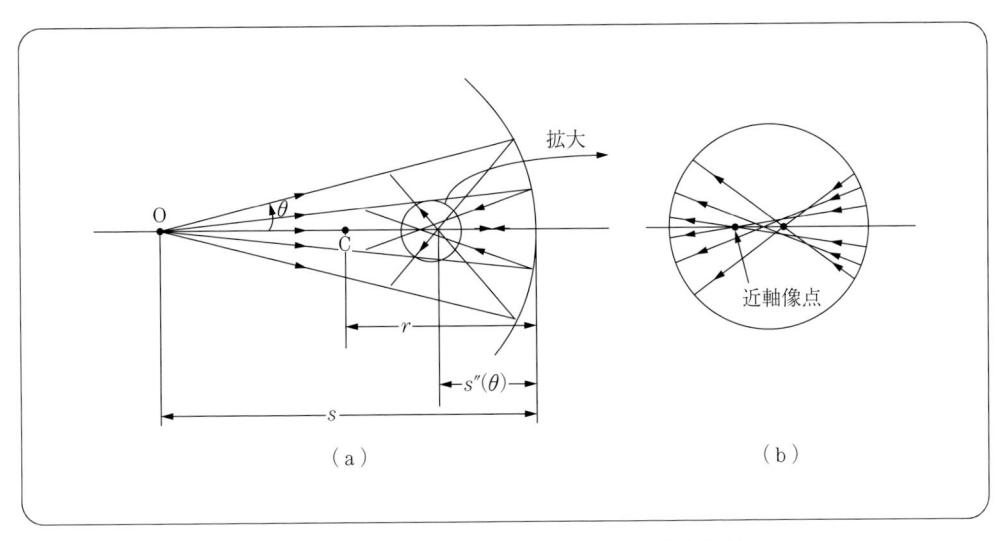

図6.2 θ によって，s'' がどのように変わるかを示す図

図(b)は，集光点近傍の拡大図である．図6.1および図6.2は基準線に対して回転対称であるので，この図も基準線を含む一つの平面で見た場合の図であり，この平面を基準線のまわりに回転させても同じ図になる．

すなわち，θ が一定の角度で射出する光線束は一点に集光するが，θ が変わると，その集光点の位置は変わる．これが収差の一例である．式(6.2)，(6.3)からわかるように，$s = r$ の場合（すなわち，球の中心に物点がある場合）には，θ に関係なく，$s' = r$ になり，収差は発生しない．

6章のイントロダクションでも述べたように，一点から出た光が光学系を通過後，一点に集光（結像）しない現象が「収差」である．

収差は，大きく色収差と単色収差の二つに分類できる．ここで，「色」は光の波長を意味する．すなわち，色収差はレンズ媒質である（光学）ガラスなどの屈折率が光の波長によって異なることにより発生する収差現象である．それゆえ，屈折光学系でのみ生じ，反射光学系では生じない．

6.2 色収差

レンズを構成するガラスや透明なプラスチック（レンズ媒質という）の屈折率は波長によって異なる．この現象を**色分散**という．

ほとんどのレンズ媒質の屈折率は，波長が長くなると小さくなる．最も多く使われているガラスレンズ媒質の代表である「BK-7」（クラウンガラス）と「F2」（フリントガラス）の色分散を図 6.3 に示す．

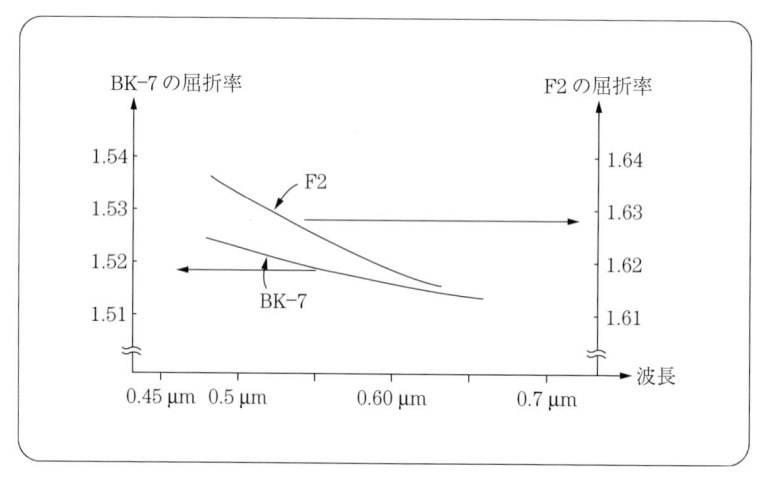

図 6.3 BK-7 と F2 の色分散を示すグラフ

このような特性を示すガラスは，"「常分散」を示す"，と呼ばれる．この結果として色収差が生じる．

6.2.1 軸上の色収差

薄い単レンズを例にとり，そのレンズの焦点距離が波長によってどの程度変化するかを，フリントガラス（F 2）の場合について考える．このレンズの像焦点距離は，3 章の式 (3.16) で与えられる．

$$\frac{1}{f'} = \frac{n_2 - n_1}{n_1} \left(\frac{1}{r_1} - \frac{1}{r_2} \right) \tag{3.16}$$

$r_1=+100$ mm, $r_2=-300$ mm の両凸レンズが空気中に置かれるとすると, $n_1=1.000$ であるから, 式(3.16)は次式になる.

$$f'(n_2)=\frac{75}{(n_2-1.000)} \tag{6.4}$$

すなわち, n_2 は波長によって変わるから, 像焦点距離 f' は波長によって変化する. n_2 がどのように変化するかを図6.3のグラフより求め, 式(6.4)に代入することにより, **図6.4**が得られる. 図6.4(a)にその変化の様子を概念的に示し, 同図(b)に像焦点距離の変化をグラフで示す.

(a) 像焦点距離が変化する様子を概念的に示す図

(b) 像焦点距離の変化を示すグラフ

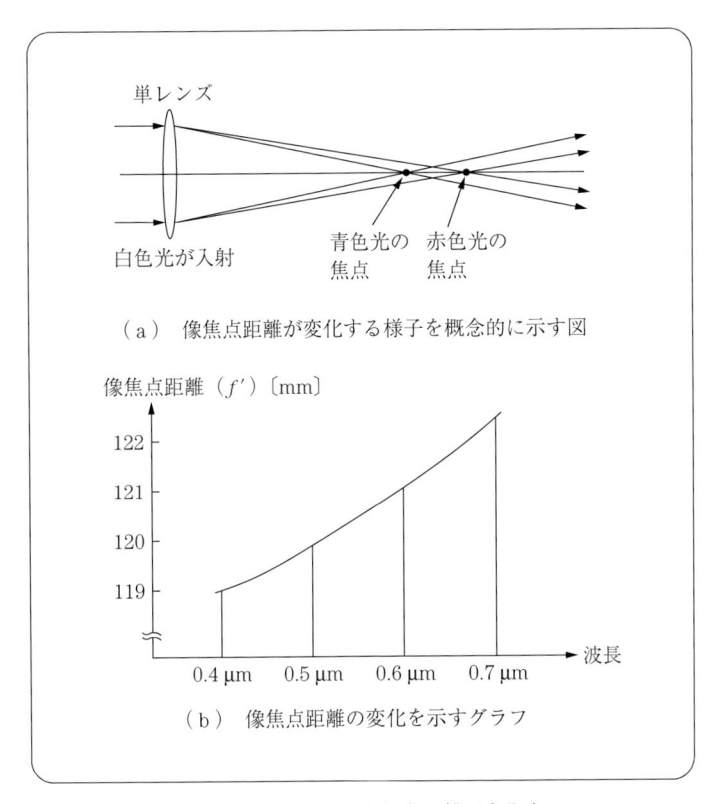

図6.4 波長により, 像焦点距離が変化する様子を示す例(F2の場合)

このように(像)焦点距離が光の波長によって変化する収差を**軸上色収差**または**近軸色収差**という. ここでの軸は光軸を意味する.

6.2.2 倍率の色収差

像焦点距離が変わると, 結像特性にどのように影響するかを考える. 像焦点距離が変わる

と，近軸結像関係式(3.15)′より，(結)像面の位置が変わると同時に横倍率も変わるので，光軸から大きい角度で入射する物点の像点は，**図 6.5** に示すように，波長によって，光軸方向だけではなく光軸と垂直な方向へも異なる．光軸と垂直な方向へ異なるということは，4.6 節で述べた横倍率が変化することに対応し，結果として像の大きさが波長によって異なることになる．これが大きいと，カラー画像を撮る場合（現在はほとんどそうである），像のまわりに違った色のぼけが生じ，シャープな画像が得られない．実際のカラー撮像に使われる結像光学系では，まず除去あるいは目立たない程度に小さくしなければならない収差である．

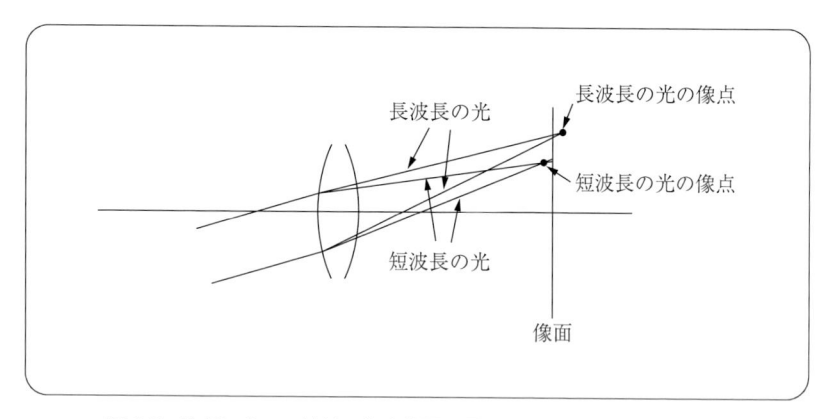

図 6.5 波長によって軸外の像点位置が異なることを概念的に示す図

これらの色収差を小さくするレンズの構成および設計の基本的な方法については，8 章で簡単に紹介する．

6.3 単色収差

この収差は波長が単一の光でも発生する収差である．6.1 節の例で述べた収差は，この分類に属する収差である．

6.3.1 準備

点物体からの光線束が結像光学系を通ったあと，射出瞳面での光波面を考える．射出瞳面での開口絞りを小さく絞り込んだときの結像点を設定像点 $O'(X'_0, Y'_0, Z'_0)$ とする．その設

定像点 O′ と射出瞳の中心 A(0, 0, 0) を結ぶ光線を**主光線**（chief ray）と呼び，この直線を z' 軸とする．この主光線と光軸（z 軸）を含む平面を考える．この平面を**子午面**（meridional plane）と呼ぶ．

以降，光軸を回転し，子午面が y–z 面になるように座標系を再設定する（光学系は光軸に関して回転対称であると仮定しているので，このようにしても，一般性は失わない）．その結果，近軸像点座標は O′$(0, Y_0', Z_0')$ となる（図 6.6 参照）．ただし，ここで

$$Y_0' = (x_0'^2 + y_0'^2)^{\frac{1}{2}} \tag{6.5}$$

である．

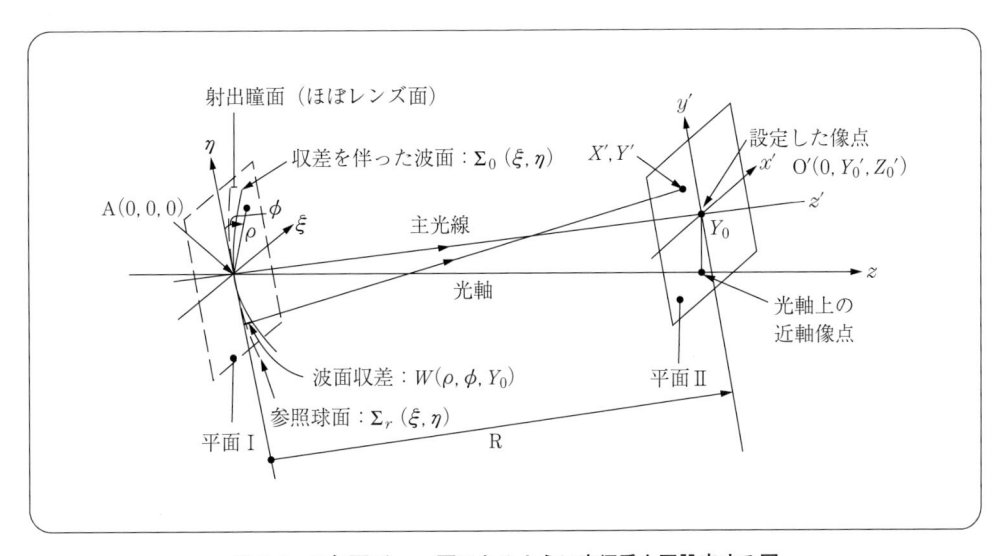

図 6.6 子午面が y–z 面になるように座標系を再設定する図

射出瞳の中心 A を通り z' 軸に垂直な平面 I を仮定し，この面と子午面との交点が η 軸となるように，この平面 I 内に (ξ, η) 直交座標系を設定する．

設定像点 O′ を通り z' 軸に垂直な平面 II を仮定し，この面と子午面との交点が y' 軸となるように，この平面 II 内に (x', y') 直交座標系を設定する．

6.3.2 波面収差

設定像点 O′$(0, Y_0', Z_0')$ を中心とし，半径 (R) を OA とする球面 Σ_r を仮定する．この面 Σ_r は**参照球面**（reference sphere）と呼ばれる．この $\Sigma_r(\xi, \eta)$ は次式で与えられる．

$$\Sigma_r(\xi, \eta) = R - \sqrt{R^2 - (\xi^2 + \eta^2)} \tag{6.6}$$

式 (6.6) での R は球面の曲率半径である．

6. 収差

実際に光学系を通過した光波面を $\sum_o(\xi,\eta)$ と $\sum_r(\xi,\eta)$ との差を**波面収差**（wavefront aberration）$W(\xi,\eta)$ と定義する．波面収差の符号は，実際の波面 $\sum_o$ が参照球面 $\sum_r$ より遅れている場合を正と定義する（図 6.6 参照）．W の単位は長さである．

すなわち，波面収差は次式で定義される．

$$W(\xi,\eta_0) = \sum_r(\xi,\mu) - \sum_o(\xi,\eta) \tag{6.7}$$

射出瞳の開口全体にわたって波面収差が 0 ならば，($W(\xi,\eta)=0$；for all (ξ,η))，開口内すべての光線は設定像点 O′ を通る．これを**無収差**（aberration free）という．

一般に，波面収差の大きさ $W(\xi,\eta)$ は R に比べて非常に小さいとしてよい．

次に，波面収差を極座標で表現する．

$$\left.\begin{array}{l}\xi = \rho \sin\phi \\ \eta = \rho \cos\phi\end{array}\right\} \tag{6.8}$$

極座標で表現する理由は

① 射出瞳は円形開口である場合がほとんどである．
② 共軸光学系を仮定しているので，波面収差は η 軸に関して対称形で表すことができる．

波面収差 W は ρ，ϕ および Y_0（「像高」と呼ばれる）の関数である．更に，ρ および Y_0 に関しては，光軸に対して回転対称であるから，ρ^2，Y_0^2 が基本要素であり，ϕ に関しては，ρ と Y_0 の内積，すなわち "$\rho Y_0 \cos\phi$" が基本要素となる．波面収差 $W(\rho, Y_0, \phi)$ は，ρ^2，Y_0^2，$\rho Y_0 \cos\phi$ で表され，一般にこれらの基本項のべき級数展開で記述できる．すなわち，波面収差 W は，次の展開式で表すことができる．

$$W(\rho,\phi,Y_0) = \sum_{l,m,n} A_{l,m,n} \rho^{2l} Y_0^{2m} (Y_0 \cos\phi)^n \tag{6.9}$$

この波面収差の多項式展開を**ツェルニケの展開式**と呼び，波面収差を表す直交多項式展開式として，一般的に使われている．

ここで，l，m，n は 0 または正の整数であり，互いに独立である．また $A_{l,m,n}$ はそれぞれの展開項の係数である．

$$N = l + m + n$$

と N を定義する．

一般に，結像光学系では，N の値（$N=1,2,3,\cdots$）が大きくなると，その係数値 $A_{l,m,n}$ の絶対値は急激に小さくなる．

それゆえ，N が最も小さい値から，それぞれの項が実際にどのような収差として点像の

ぼけを伴うか（すなわち像面でどのような振舞いを示すか）を次に考える．

6.4 波面収差と光線収差

射出瞳面上のある点から出る光線が設定した像面とぶつかる像面上の座標を(X', Y')とすれば，その座標は次式で与えられる．「その点から出る光線は，波面のその点での法線である」という性質を使うことより得られる．この(X', Y')は**横収差**と呼ばれる．

$$X' = R\left(\sin\phi \frac{\partial W(\rho,\phi)}{\partial \rho} + \frac{\cos\phi}{\rho} \frac{\partial W(\rho,\phi)}{\partial \phi}\right) \tag{6.10}$$

$$Y' = R\left(\cos\phi \frac{\partial W(\rho,\phi)}{\partial \rho} - \frac{\sin\phi}{\rho} \frac{\partial W(\rho,\phi)}{\partial \phi}\right) \tag{6.11}$$

これらの式の導出は付録7に述べる．

これ以降，波面収差を低次の項から一つずつ考察していく．次数としては，$N = l + m + n$ を考える．

1. $N = 1$ のとき

$N = 1$ である l, m, n の組合せは，次の A，B，C の3通りである．

A：$l=1, m=0, n=0$（この項の係数を b_1 とする）

この場合の波面収差 $W(Y_0, \rho, \phi)$ は

$$W(Y_0, \rho, \phi) = b_1 \rho^2 \tag{6.12}$$

これを式(6.10)，(6.11)に代入し，横収差を求めると

$$\left.\begin{array}{l} x' = 2b_1 R\rho \sin\phi \\ y' = 2b_1 R\rho \cos\phi \end{array}\right\} \tag{6.13}$$

上の二つの式から ϕ を消去すると

$$x'^2 + y'^2 = (2b_1 R\rho)^2 \tag{6.14}$$

これらの式の関係を**図 6.7**に示す．

この図からわかるように，設定した像点を $\Delta Z'$ だけ主光線方向へ移動すると，射出瞳から出るすべての光線は，点 O'' を通る．この項は，像面位置の移動によって波面収差は0になる．すなわち，この項は像面位置のずれ（いわゆる，ピンぼけ）を意味し，収差ではない．この像面位置の移動量 ΔZ は，図6.7からわかるように，次式を満足するように決められる．

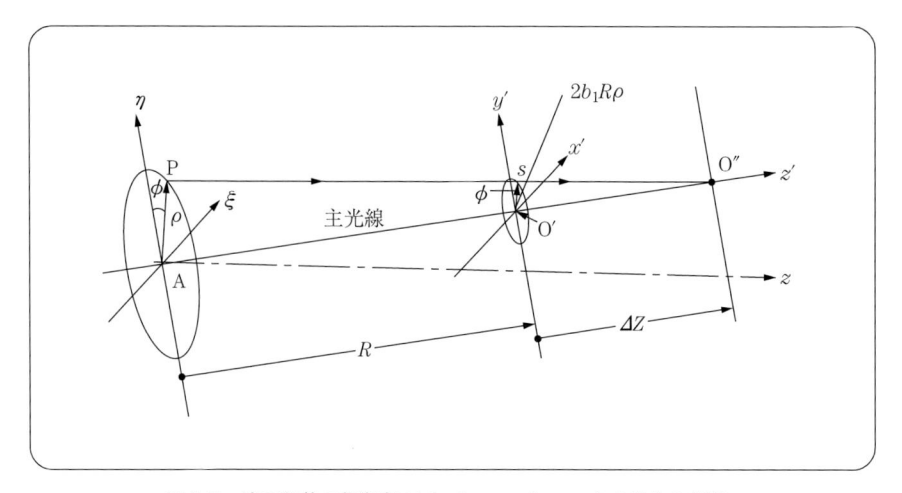

図6.7 波面収差の指数部が $l=1$, $m=0$, $n=0$ の場合の光線，横収差の様子を表す図．この図は，b_1 が正の場合である．

$$\frac{\Delta Z}{2b_1 R\rho} = \frac{R+\Delta Z}{\rho} \approx \frac{R}{\rho} \tag{6.15}$$

ここで，$\Delta Z \ll R$ を仮定している．

この式より

$$\Delta Z = 2b_1 R^2 \tag{6.16}$$

B：$l=0$, $m=1$, $n=0$（この項の係数を b_2 とする）

同様にして，この項の波面収差の式は，次式である．

$$W(Y_0, \rho, \phi) = b_2 Y_0^2 \tag{6.17}$$

この項は ρ, ϕ を含まないから，横収差 x', y' は 0 になり，収差ではない．波面収差に一定値 "$b_2 Y_0^2$" が加わった，単に数式上現れる項である．

C：$l=0$, $m=0$, $n=1$（この項の係数を b_3 とする）

同様にして，この項の波面収差の式は，次式である．

$$W(Y_0, \rho, \phi) = b_3 Y_0 \rho \cos\phi \tag{6.18}$$

同様にこれを式(6.10), (6.11)に代入し，横収差を求めると

$$\left. \begin{array}{l} x'=0 \\ y'=b_3 Y_0 R \end{array} \right\} \tag{6.19}$$

横収差に ρ, ϕ を含まないから，射出瞳を出るすべての光線は，像点の位置が y' 軸方向へ，$b_3 Y_0 R$ だけずれた位置に集光することを意味する．すなわち，像点の位置の設定を変えることで，この項は 0 になる．

以上述べてきたように，この $N=1$ の（最低次の）項はすべて収差ではない．

6.4 波面収差と光線収差

2. $N=2$ のとき

この場合の l, m, n の組合せは表 6.1 に示すように 6 通りある．

表 6.1　ザイデルの 5 収差
（$l+m+n=2$ の部分）

収差の名称	l	m	n	波面収差の式
球面収差	2	0	0	$C_1\rho^4$
非点収差	0	0	2	$C_2 Y_0^2 \rho^2 \cos^2\phi$
像面湾曲	1	1	0	$C_3 Y_0^2 \rho^2$
ひずみ	0	1	1	$C_4 Y_0^3 \rho \cos\phi$
コマ収差	1	0	1	$C_5 Y_0^3 \rho \cos\phi$
（収差ではない）	0	2	0	$C_6 Y_0^4$

この表の中で

$l=0$, $m=2$, $n=0$ の項の波面収差の式は次式となる．

$$W(Y_0, \rho, \phi) = A_{0,2,0} Y_0^4 \tag{6.20}$$

この式は，式 (6.17) と同じように，ρ, ϕ を含まないから，収差ではない．単に数式上出てくる項である．

残りの五つの項がプライマリー収差と呼ばれる最も低次の収差であり，これを最初に導いた人名をとって，**ザイデル（Zeidel）の 5 収差**と呼ばれる．以下にそれぞれの項について考察する．

（1）　球面収差（$l=2$, $m=0$, $n=0$）

この場合の収差係数 $A_{2,0,0}$ を C_1 に置き換える．

すなわち，この項の波面収差（W_1 で表す）は次式である．

$$W_1(\rho, \phi, Y_0) = C_1 \rho^4 \tag{6.21}$$

この波面収差の形を概念的に図 6.8 に示す．

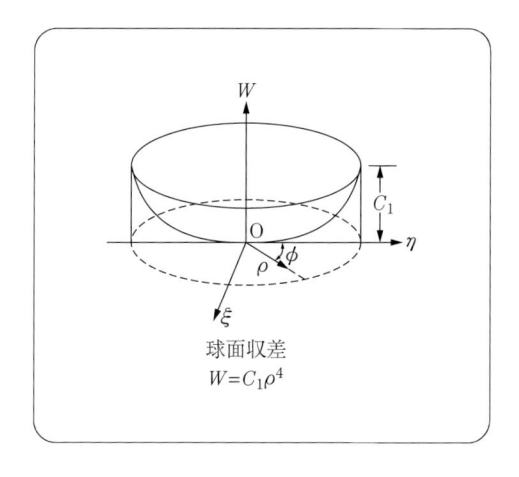

図 6.8　球面収差の項の波面収差の形を概念的に示す図

この波面収差から横収差を計算すると，次式になる．

$$\left.\begin{array}{l} x'=4C_1\rho^3 R \sin\phi \\ y'=4C_1\rho^3 R \cos\phi \end{array}\right\} \quad (6.22)$$

これら二つの式から ϕ を消去する（それぞれの式を2乗して加える）と，次式になる．

$$x'^2+y'^2=(4C_1\rho^3 R)^2 \quad (6.23)$$

すなわち，ρ が一定値の円周上からの光線束は，設定した像面上では，半径が $4C_1\rho^3 R$ の円を描く．この様子を図 6.9 に示す．

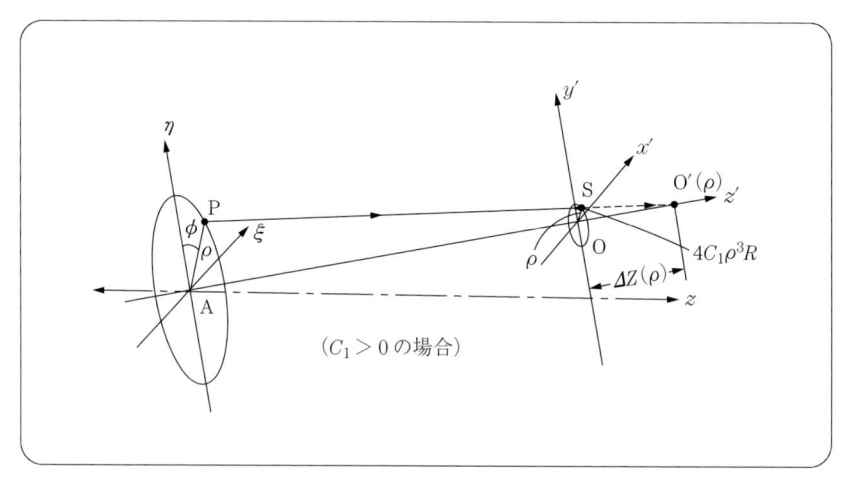

図 6.9 球面収差を表す図

射出瞳面で半径 ρ が一定の位置から出る光線束は，$N=1$ の $A:l=1, m=0, n=0$ の項で述べたように

$$\Delta Z = 4C_1 R^2 \rho^2 \quad (6.24)$$

だけの像面位置のずれ（**デフォーカス**（defocus）という）であり，像面をずらせると，一点に集まり収差はなくなる．ただし，$N=1$ の $A:l=1, m=0, n=0$ の項の場合と異なるのは，そのずれ量が ρ の大きさによって異なるので，射出瞳全体から出る光線束としては一点に集まることはない．この収差は回転対称形であり，**球面収差**と呼ばれる．この収差は Y_0 を含まないので，光軸上で生じる収差である．

ここでは光軸を回転軸とする回転対称な光学系を仮定しているので，光軸上の点から出て反射あるいは屈折するすべての光線は光学系を通過後，必ず光軸と交わる．その交点までの近軸像点（これもこの場合には光軸上にある）から光軸に沿った距離を**縦収差**（量）と呼ぶ．この縦収差は球面収差の場合のみ定義できる．球面収差以外の収差では，特殊な光線以外は，光学系を通過後，光軸と交わらないので，縦収差は定義できない．

球面収差が像面近傍でどのようなぼけを伴うかを図 6.10 に示す．

6.4 波面収差と光線収差

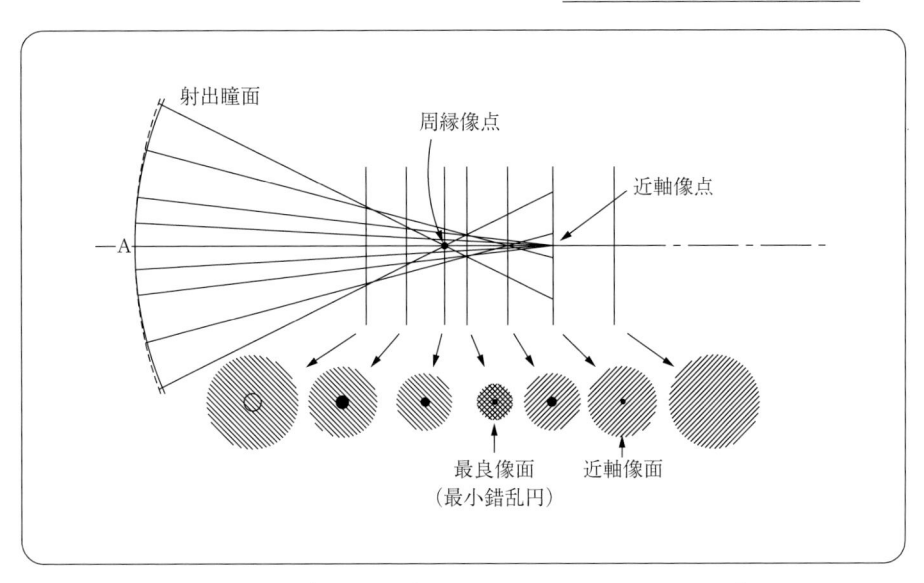

図 6.10 球面収差が像面近傍でどのようなぼけを伴うかをを示す図

（2） 非点収差（$l=0, m=0, n=2$）

この項の波面収差は次式である．
$$W_2(\rho, \phi, Y_0) = C_2 Y_0^2 \rho^2 \cos^2 \phi \tag{6.25}$$
この波面収差を概念的に**図 6.11** に示す．

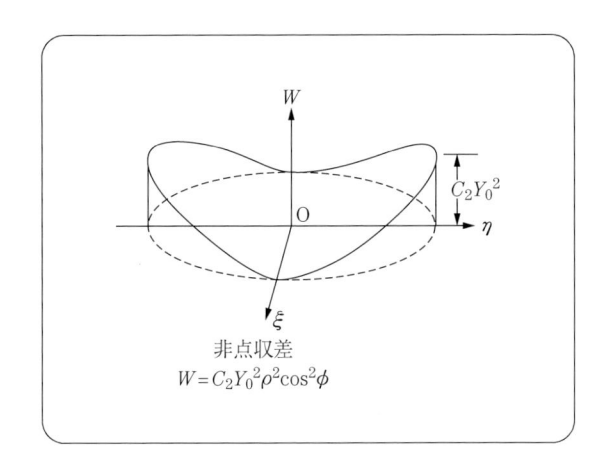

図 6.11 非点収差の波面収差を概念的に示す図

この波面収差から横収差を求めると
$$x'=0, \quad y'=2C_2 Y_0^2 \rho R \cos \phi \tag{6.26}$$
この横収差は，「y' 軸に沿った直線状のぼけ」である．
次に，設定している像面を主光線方向に
$$\Delta Z' = -2C_2 Y_0^2 R^2 \tag{6.27}$$

だけ移動すると，波面収差は次式になる．

$$W(\rho, \phi, Y_0) = C_2^2 Y_0^2 \cos^2\phi - C_2 Y_0^2 \rho^2 = -C_2 Y_0^2 \rho^2 \sin^2\phi \tag{6.28}$$

この場合の横収差を計算すると

$$x' = -2C_2 Y_0^2 \rho R \sin\phi, \quad y' = 0 \tag{6.29}$$

となり，今度は「x'方向に線状のぼけ」になる．この様子を**図 6.12**に示す．

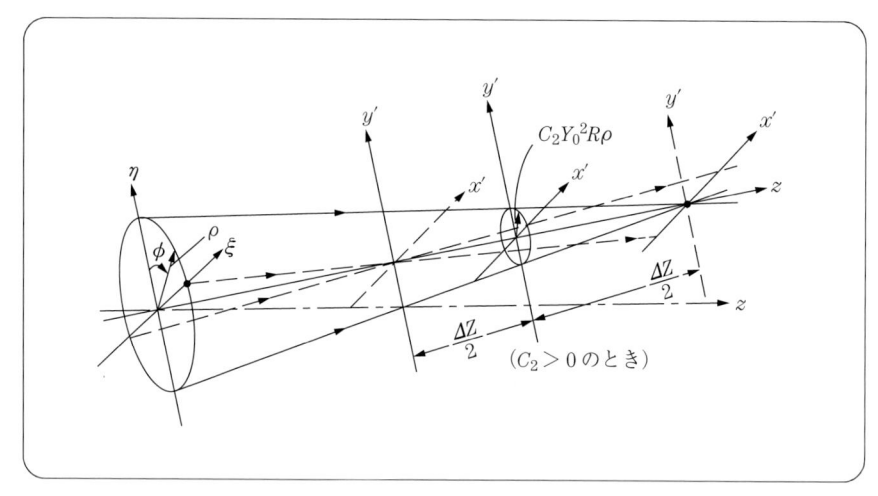

図 6.12 非点収差を示す図

これまでの説明からわかるように，この収差は Y' 方向（**メリディオナル** (meridional) **方向**と呼ぶ）への集光距離とそれと直角な方向（**ラディアル方向**あるいは**サジタル** (sagittal) **方向**と呼ぶ）への集光距離が異なる収差である．この距離の差を**非点隔差**という．また図に示すように，非点隔差の半分だけ，すなわち

$$\Delta Z' = -C_2 Y_0^2 R^2 \tag{6.30}$$

だけ像面を移動すると，その場合の波面収差は次式となる．

$$W = C_2 Y_0^2 \rho^2 \cos^2\phi - \frac{1}{2} C_2 Y_0^2 \rho^2 = \frac{C_2 Y_0^2 \rho^2}{2}(2\cos^2\phi - 1) \tag{6.31}$$

この波面収差の像面での横収差は次式になる．

$$\left.\begin{array}{l} x' = -C_2 Y_0^2 R\rho \sin\phi \\ y' = C_2 Y_0^2 R\rho \cos\phi \end{array}\right\} \tag{6.32}$$

となり，この式から ϕ を消去すると

$$x'^2 + y'^2 = (C_2 Y_0^2 R\rho)^2 \tag{6.33}$$

となり，$\rho=$一定の光線束は円形になることを示す．しかし，これは式(6.23)とは異なり，少し複雑な光線束の挙動になっている．すなわち，$\rho=$一定の射出瞳からの光線をよく見ると

① $\phi=0$ の光線は　　$x'=0$, $y'=C_2RY_0^2\rho$
② $\phi=\pi/2$ の光線は　　$x'=-C_2Y_0^2\rho$, $y'=0$
③ $\phi=\pi$ の光線は　　$x'=0$, $y'=-C_2RY_0^2\rho$
④ $\phi=3/2\pi$ の光線は　　$x'=C_2Y_0^2\rho$, $y'=0$

となり，ねじれた光線の集まりになっている．この様子も図 6.12 に示している．

（3）　像面湾曲（$l=1, m=1, n=0$）

この項が示す波面収差の式は次式である．

$$W=C_3Y_0^2\rho^2 \tag{6.34}$$

この項の横収差を式(6.10)，(6.11)から導くと

$$\left.\begin{array}{l} x'=2C_3RY_0^2\rho \sin\phi \\ y'=2C_3RY_0^2\rho \cos\phi \end{array}\right\} \tag{6.35}$$

ϕ を消去すると

$$x'^2+y'^2=(2C_3RY_0^2\rho)^2 \tag{6.36}$$

Y_0 を定数とみなせば，すなわちある像高の像点に限定すれば，これは式(6.14)と同じになり，b_2 の項と同じく主光線方向への焦点ずれを表す．

この焦点ずれ量 ΔZ は，式(6.16)を参照にして

$$\Delta Z=2C_3R^2Y_0^2 \tag{6.37}$$

すなわち，この項は像高（Y_0）の 2 乗に比例した像点位置の光軸方向へのずれを意味する．この様子を**図 6.13** に示す．

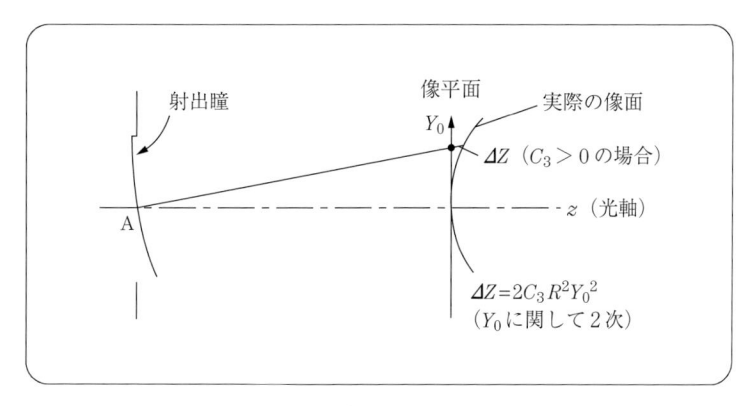

図 6.13　像面が像高の 2 乗に比例して曲がる
（像面湾曲）様子を示す図

この項は**像面湾曲**（field curvature）と呼ばれる．これは狭義の定義では収差ではないが，像面が曲面になるのは現実的には対応できない（フィルム面やイメージセンサ面は平面である）ので，収差とみなすことは妥当である．

(4) ひずみ （$l=0, m=1, n=1$）

この項が示す波面収差の式は次式である．

$$W = C_4 Y_0^3 \rho \cos \phi \tag{6.38}$$

この式から式(6.10)，(6.11)を用いて横収差を求めると

$$\left. \begin{array}{l} x' = 0 \\ y' = C_4 R Y_0^3 \end{array} \right\} \tag{6.39}$$

x', y' ともに (ρ, ϕ) を含まないから，狭義の収差の定義では，収差ではない．本来 $x'=0$，$y'=0$ となるべき集光点の位置が Y_0 方向（像高方向）へ，$C_4 R Y_0^3$ だけ光軸方向あるいは光軸から遠ざかる方向へ（この方向は係数 C_4 の符号による）像点が移動することを示す．すなわち，この（広義の）収差は，像の横倍率が像の光軸からの高さによって変わる現象として現れる．正方眼状のパターンを物体とすれば，その像は**図 6.14**（b），（c）に示すような像になる．この収差は，（像の）**ひずみ**（distortion）と呼ばれる．図（b）の場合を**糸巻き型ひずみ**，図（c）の場合を**樽型ひずみ**と呼ぶ．

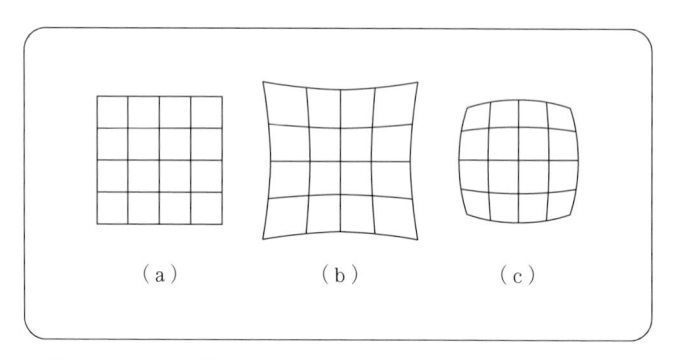

図 6.14 像のひずみの様子を示す図．図（a）を物体とした場合，その像の形が図（b）あるいは図（c）のようにひずんでできる．

特に，焦点距離が短い広角系のレンズではこの収差は必然的に生じる．普通の結像光学系ではあまり問題にならない場合が多いが，近年のデジタル（スチル）カメラの普及に伴い，画像を用いた物体の形や大きさの計測を行う場合には，この収差が小さいレンズを使うことが重要である．

(5) コマ収差 （$l=1, m=0, n=1$）

この項が示す波面収差は次式である．

$$W = C_5 Y_0 \rho^3 \cos \phi \tag{6.40}$$

この波面収差の形を**図 6.15** に示す．

横収差を，同様に式(6.10)，(6.11)を用いて求めると

6.4 波面収差と光線収差

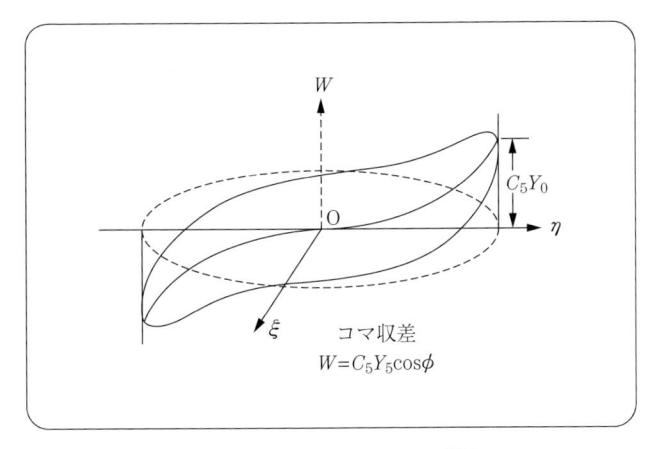

図 6.15 $l=1$, $m=0$, $n=1$ の場合の
波面収差を示す図

$$\left.\begin{array}{l} x'=C_5RY_0\rho^2\sin(2\phi) \\ y'=C_5RY_0\rho^2[\cos(2\phi)+2] \end{array}\right\} \tag{6.41}$$

ϕ を消去してみると

$$x'^2+(y'-2C_5RY_0\rho^2)^2=(C_5RY_0\rho^2)^2 \tag{6.42}$$

すなわち，射出瞳面上のある値 ρ を通過する円環状の光線束は，$(0, 2C_5RY_0\rho^2)$ を中心とし，半径が $|C_5RY_0\rho^2|$ である円を描く．その円の中心座標と半径は ρ^2 に比例して変わるので，結果として図 6.16 に示すようなぼけになる．この点像のぼけの形が彗星（comet）に似ているので，英語では，comatic aberration，日本語ではコマ収差と呼ばれる．

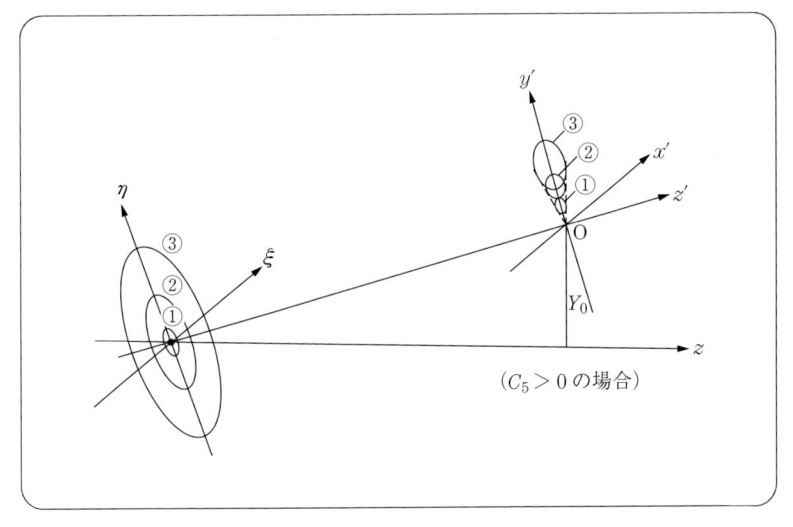

図 6.16 コマ収差で，波面収差と横収差の関係を概念的に示す図

6. 収　　差

この円の中心の設定像点からの距離の半分がその円の半径であるので，彗星の尾を引く広がり角は $60°$ である．この様子を図 6.17 に示す．

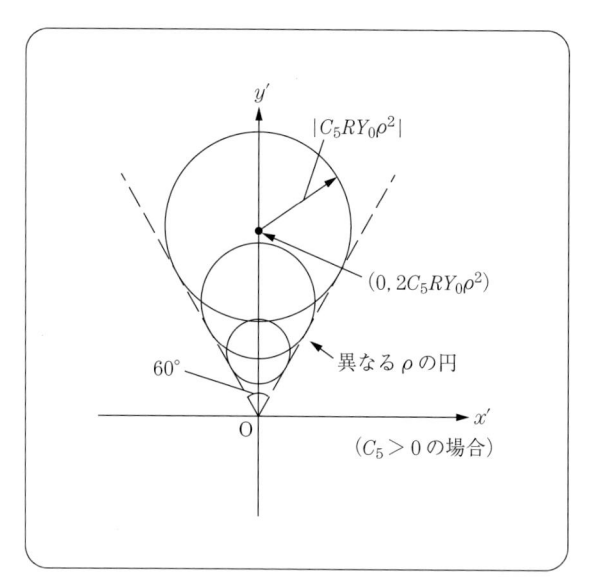

図 6.17　コマ横収差を概念的に示す図

この収差をもう少し詳しくみてみる．射出瞳面での角度 ϕ は横収差では，(2ϕ) の形になっているので，ρ が一定で ϕ が一回転すると，横収差の円は 2 回転する．その様子を図 6.18 に示す．

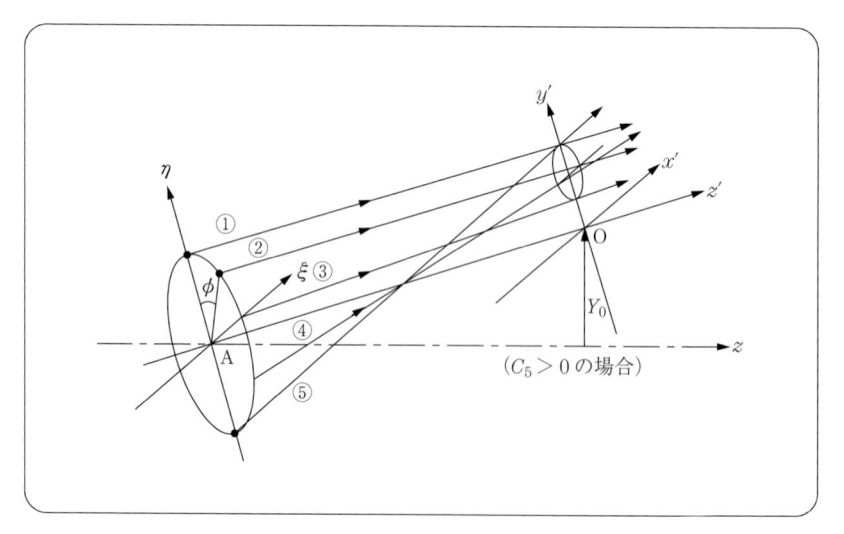

図 6.18　コマ収差の射出瞳からの光線が像面のどこに進むかを示す図

このようにコマ収差は少し複雑な光線束の振舞いを示す項である．

一般の光学系ではさらに高次の成分を含む．

実際の光学系では，これまで述べてきた五つの収差の和が一緒に現れる．それぞれの項の影響はその項の係数 C_n（$n=1\sim5$）の大きさで決まる．C_n は正の場合もあれば，負の場合もある．その絶対値が他の C_n に比べて大きければ，その収差が支配的に現れる．もちろん C_n が 0 ならば，その項の収差はない．

以上は $N=2$ の最初の項だけについて述べたが，現実の光学系では，$N=3,4,5,\cdots$ のより高次の項も存在する（ちなみに $N=3$ の場合は，$l, m, n,$ の組合せの数（項の数）は 10 である）．

プライマリー収差で光軸上でも発生する収差は，Y_0 を含まない波面収差の項である，球面収差だけである．レーザ光の集光目的で使われるレンズは，光軸上の物点（物点が光軸上の無限遠にある光軸に平行な平行光も含む）の結像（あるいは集光）だけであるから，球面収差だけが 0 になるレンズであればよい．しかし，実際に完全に光軸上に物点があるのは理想の場合であり，組込み精度によってごくわずか光軸上からずれた物点（あるいは光軸から傾いた平行光）についても配慮しておく必要がある．光軸上とその近傍の物点について無収差になる条件は，**アッベの正弦条件**と呼ばれ，プライマリー収差では球面収差とコマ収差が 0 である条件と等価である（なぜそうなるかは少し詳しい説明を要するので，ここでは述べない．これを理解したい場合は，巻末の引用・参考文献を参照されたい）．

本章のまとめ

❶ 一点（物点）から出た光線束が光学系を通過後，共通の一点（像点）を通らない現象を「収差（が存在する）」という．

❷ 収差は，色収差と単色収差に分類される．

❸ 色収差は通過する光の波長が違うと発生する収差で，レンズ媒質の屈折率が波長によって異なるために生じる．

❹ 色収差は，反射光学系では生じない．

❺ 倍率の色収差は，結像目的の光学系では優先的に小さくしなければならない．

❻ 単色収差は単一波長の光でも生じる収差である．

❼ 単色収差は，特徴的な収差パターンとして，I：球面収差，II非点収差，III：像面湾曲，IV：ひずみ，V：コマ収差，に分類される．

❽ 光軸近傍で収差が発生しないためには，球面収差とコマ収差を 0 にする必要がある．

6. 収差

●理解度の確認●

問 6.1 450 nm（青色），550 nm（緑色），650 nm（赤色）それぞれの波長の屈折率が，$n_{450}=1.630$, $n_{550}=1.600$, $n_{650}=1.590$ である光学ガラスで作った薄い単レンズ（$r_1=+400$ mm, $r_2=-300$ mm）のそれぞれの波長の像焦点距離は何 mm か．ただし，レンズの周りは空気であり，その屈折率は波長によらず一定で 1.000 とする．

問 6.2 五つのプライマリー収差（ザイデルの 5 収差）の名前を挙げ，それぞれの収差について簡単に説明せよ．

7 広がりのある物体の結像特性

　これまでは基本的に一点（物点と呼んでいた）から出て光学系を通過し，像点として集光する場合の特性について述べてきた．本章では，実際の広がりのある物体が広がりのある像としてどのようになるかについて述べる．

7.1 コヒーレント結像とインコヒーレント結像

まず，物体面は光軸と垂直な平面上にあるとする．物体面の直交座標を(x_o, y_o)とする．物体面上の各点からは，あらゆる方向に単位立体角当りに放出する光のエネルギー量は変化せずに（"無指向的に"という），また時間的には一定（"定常的"という）のエネルギー（単位時間当り）を放出していると仮定する．光は1章で述べたように波動であるから，物体面の各位置(x_o, y_o)からの波動場$CA(x_o, y_o)$は複素数表示を用いると次式で表される．

$$CA(x_o, y_o) = A(x_o, y_o) \exp\left[-\frac{2\pi j}{\lambda}\{ft + \phi(x_o, y_o)\}\right] \tag{7.1}$$

ここで，$CA(x_o, y_o)$は**複素振幅**（complex amplitude）と呼ばれ，一般には複素数である．$A(x_o, y_o)$は物体面上の各位置(x_o, y_o)での振動の大きさを示し，**振幅**と呼ばれ，非負の実数である．$j=(-1)^{1/2}$で純虚数である（数学では一般にiで記述される）．λは考えている光波の波長で，fはその光波の振動数である．$2\pi\phi(x_o, y_o)/\lambda$はそれぞれの位置$(x_o, y_o)$での波の**位相**（phase）と呼ばれ，振動の周期のずれを，波長を単位としてラジアン単位で表した量である．

このように記述される各物体面上の点からの光波のうち，光学系の入射瞳に入り，射出瞳から出る光波が像面で集光する．このとき，ある点(x_o, y_o)からの光波とその近傍の点からの光波の位相関係が観測時間（あるいは露光時間）の間でランダムに変化する場合は，物体上の各点からの光は「空間的にインコヒーレント（incoherent）」と呼ばれ，そのときには，光強度分布として扱うことができる．このような場合の結像を**インコヒーレント結像**と呼ぶ．これとは逆に，ある点(x_o, y_o)からの光波とその近傍の点からの光波の位相関係が，観測時間（あるいは露光時間）の間で一定（すなわち，$\phi(x_o, y_o)$が時間的に一定）で変化しない場合は，物体上の各点からの光は「空間的にコヒーレント（coherent）」と呼ばれ，このような場合の結像を**コヒーレント結像**と呼ぶ．コヒーレント結像については，次ページの談話室で述べる．

レーザ照明されるような，あるいは小さい光源からの光で照明されるような特殊な場合を除き，ほとんどの結像はインコヒーレント結像とみなしてよいので，以降はインコヒーレント結像の場合についてのみ述べていく．

物体面での光強度分布$o(x_o, y_o)$は，式(7.2)で定義される．

$$o(x_o, y_o) = \{|CA(x_o, y_o)|^2\} = (A(x_o, y_o))^2 \tag{7.2}$$

この式で，{ } は時間平均を示す．

インコヒーレント結像の場合は，物体面の光強度分布 $O(x_o, y_o)$ が横倍率 M_{lat} がかかってそのまま保存されるのが理想である．像面 (x_i, y_i) を物体面と同じく光軸と垂直なある平面を想定すれば，インコヒーレント結像の理想は，物体面の強度分布が拡大あるいは縮小されてそのまま像面での強度分布になることであるから，その像面の理想的な光強度分布 $I(x_i, y_i)$ は次式で表される．

$$i(x_i, y_i) = B \times o(M_{lat}x_o, M_{lat}y_o) \tag{7.3}$$

ここで，B は定数であり，その大きさは像の明るさに関係する．しかし，実際の結像光学系では，前章で述べたように，収差によりぼけを伴う．

☕ 談 話 室 ☕

コヒーレント結像　少し専門的な内容になるが，微小な物体を拡大して見る顕微鏡や微小なパターンを作る半導体焼付け機（**ステッパ**と呼ばれる）では，コヒーレント結像が使われる（9章参照）．わかりやすくいうと，コヒーレント結像とは光（波）の干渉性を（積極的に）使った結像法のことである．

収差がない理想的な結像特性を持つ顕微鏡光学系では，照明光源と照明法によって，その解像力あるいは分解能が微妙に変化する．専門的な話になるので，ここではこれ以上は述べない．

極限の結像性能が要求されるステッパでは，物体パターン（**レチクル**と呼ばれる）に光波の位相分布を持たせることによって，大容量の半導体メモリが製造されている．このようなレチクルは**位相シフトマスク**と呼ばれる．

7.2 収差があるインコヒーレント光学系による結像

6章で述べたように，収差は像高 Y_o の変数であるから，ぼけの大きさ（点物体の設定した像面上の点（像点）$(M_{lat}x_o, M_{lat}y_o)$ を中心とする光強度分布は一般に像面の位置によって異なる．点物体の像面での強度分布を**点像広がり関数**（point spread function，略して psf）と呼び，$h(x_i, y_i)$ で表す．この psf は設定した像点 $(M_{lat}x_o, M_{lat}y_o)$ の近傍でのみ非負

の値を持ち，近傍以外では 0 である．psf の形は像点位置によって変わるから，psf は $h(x_i, y_i; M_{lat}x_o, M_{lat}y_o)$ と記述されることになる．この psf を使うと，像面での強度分布 $i(x_i, y_i)$ は次式で表される．

$$i(x_i, y_i) = B \times \iint o(M_{lat}x_o, M_{lat}y_o) \times h(x_i, y_i; M_{lat}x_o, M_{lat}y_o) \, dx_o dy_o \tag{7.4}$$

この様子を**図 7.1** に示す．

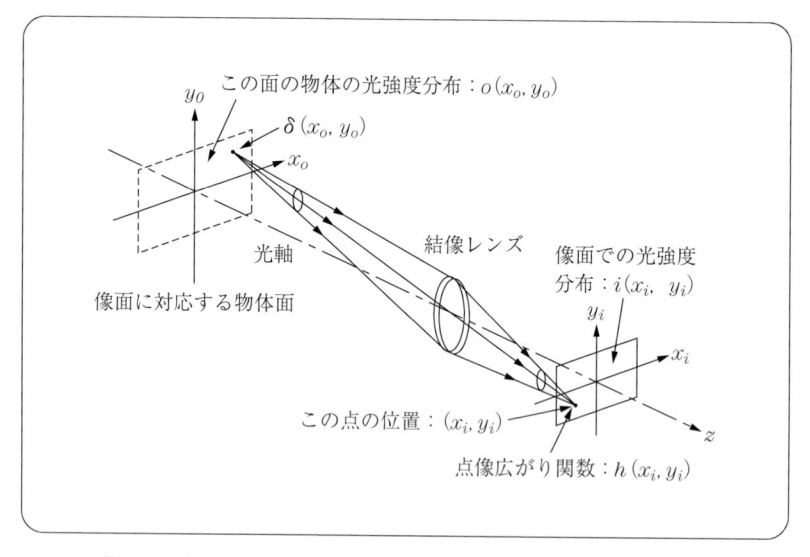

図 7.1 広がった物体を結像する場合の式による表現を示す概念図

psf は小さい広がりであり，その広がりを含むある範囲内では，$h(x_i, y_i; M_{lat}x_o, M_{lat}y_o)$ の式の形は変化しないとみなすことができる場合が多い．その特性を**シフトインバリアント** (shift invariant) という．この条件が満足される範囲では，式(7.4)は次のように**畳込み積分** (convolution) で書ける．

$$i(x_i, y_i) = B \times \iint o(M_{lat}x_o, M_{lat}y_o) \times h_{M_{lat}x_o, M_{lat}y_o}(x_i - M_{lat}x_o, y_i - M_{lat}y_o) \, dx_o dy_o$$
$$\tag{7.5}$$

収差がよく補正されて，**スペースインバリアント** (space invariant) な範囲が広くなり，扱われる像面すべての範囲で psf の式の形が変わらないとみなせる場合は像面全体でスペースインバリアントになり，psf は像点位置 $(M_{lat}x_o, M_{lat}y_o)$ にはよらなくなるので，式(7.5)は次式になる．

$$i(x_i, y_i) = B \times \iint o(M_{lat}x_o, M_{lat}y_o) \times h(x_i - M_{lat}x_o, y_i - M_{lat}y_o) \, dx_o dy_o \tag{7.6}$$

この場合の特殊な例として，像面全体で収差がない理想結像光学系の場合を考える．幾何光学的扱いでは収差がないと，点像の広がりはなくなるから，psf $h(x_i, y_i)$ は δ 関数で表さ

れる．すなわち，この場合は

$$i(x_i,y_i) = B \times \iint o(M_{lat}x_o, M_{lat}y_o) \times \delta(x_i - M_{lat}x_o, y_i - M_{lat}y_o)\, dx_o dy_o \tag{7.7}$$

となり，δ関数の性質より，式(7.3)で示したのと同じ式になる．

$$i(x_i,y_i) = B \times o(M_{lat}x_o, M_{lat}y_o) \tag{7.3}$$

すなわち，横倍率だけ縮小あるいは拡大されるだけで物体面の光強度分布と同じ光強度分布が像面で再現されることになる．

7.3 空間周波数面での結像特性

式(7.6)の両辺を2次元フーリエ変換すると，「実面での畳込み積分はフーリエ変換面では，それぞれの関数のフーリ変換の積になる」というフーリエ変換の性質より，次式が得られる．

$$I(f_{xi},f_{yi}) = O\left(\frac{f_{xo}}{M_{lat}}, \frac{f_{yo}}{M_{lat}}\right) \times H'(f_{xi},f_{yi}) \tag{7.8}$$

この式で，f_{xi}, f_{yi} は像面での空間周波数である．空間周波数とは，電子回路の特性に使われる（時間）周波数（単位は c/s）のアナロジーとして定義される量であり，単位長さ（普通は mm が使われる）当り，明暗の縞パターンが何対含まれるかを意味する．すなわち，空間周波数の単位は line pair/mm である．

それぞれの関数の2次元フーリエ変換は次式で定義される．

$$I(f_{xi},f_{yi}) = \iint i(x_i,y_i) \exp\{-2\pi j(x_i f_{xi} + y_i f_{yi})\}\, dx_i dy_i \tag{7.9}$$

$$O\left(\frac{f_{xo}}{M_{lat}}, \frac{f_{yo}}{M_{lat}}\right) = \iint o(M_{lat}x_o, M_{lat}y_o) \exp\{-2\pi j(x_o f_{xo} + y_o f_{yo})\}\, dx_o dy_o \tag{7.10}$$

$$H'(f_{xi},f_{yi}) = \iint h(x_i,y_i) \exp\{-2\pi j(x_i f_{xi} + y_i f_{yi})\}\, dx_i dy_i \tag{7.11}$$

式(7.11)の $H'(f_{xi},f_{yi})$ を $H'(0,0)$ で規格化したものを $H(f_{xi},f_{yi})$ で表し，これを**光学的伝達関数**（optical transfer function，略して OTF）と呼び，結像光学系の結像特性の良さを示す一つの評価関数である．この OTF は一般には複素数である．その絶対値をとったものが**振幅（変調）伝達関数**（modulation transfer function，略して MTF）と呼ばれる．す

なわち

$$M(f_{xi},f_{yi}) = \left| \frac{1}{H'(0,0)} \iint h(x_i,y_i) \exp\{-2\pi j(x_i f_{xi}+y_i f_{yi})\} dx_i dy_i \right| \quad (7.12)$$

このMTFの値は物理的には，像面上のある位置でのコントラストの大きさに対応する．その像面上の位置に対応する物体面の位置に明部と暗部（光強度0）の格子状周期の明暗パターンを置き，その像面での明暗のコントラストがMTFの値を示すことになる．コントラストCの定義は次式で与えられる．

$$C = \frac{I_{max}-I_{min}}{I_{max}-I_{min}} \quad (7.13)$$

ここである方向への像面での周期的光強度分布での最大値がI_{max}であり，最小値がI_{min}である．物体パターンのI_{min}は0であるから，コントラストは1である．一般に格子状周期を短くしていくと像面では収差によってその像がぼけていき，コントラストが低下していく．

この本で扱っている光軸に対して回転対称な結像光学系の特性は，光軸上以外では光軸からの放射方向（メリディオナル方向あるいは子午方向ともいう）への空間周波数特性とそれと直角方向（光軸を中心とする同心円方向，サジタル方向あるいは球欠方向ともいう）への空間周波数特性は異なる．それゆえ，光軸から離れた像面上の位置では，前記二つの方向のMTFとして示されるのが普通である．この様子の例を図7.2に示す．

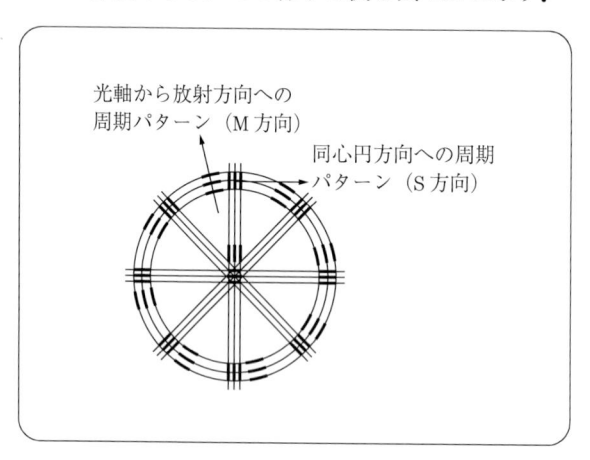

図7.2 直交する二つの方向（放射方向と同心円方向）への MTFを示す明暗周期格子の概念図

このMTFをグラフで示す場合，よく二つの表し方が使われる．その1は，ある像面上の位置で，空間周波数を横軸にとり，前記二つの方向に対するMTFの値を示す表記である．この例を図7.3に示す．

その2は，空間周波数を固定して像面上の光軸からの距離を横軸にとり，縦軸にMTFの値をとる場合である．その例を図7.4に示す．MTFの値が大きい線が空間周波数が，10

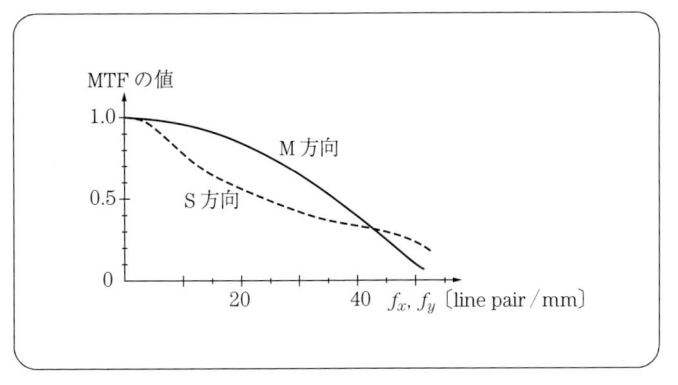

図7.3 ある像面上の位置 (x_i, y_i) について，横軸を空間周波数（line pair/mm）にとり，縦軸にMTFの値を示す例（光軸中心から，5mm離れた位置での放射方向（実践で示す）と同心円方向（破線で示す）のMTFを示す例）

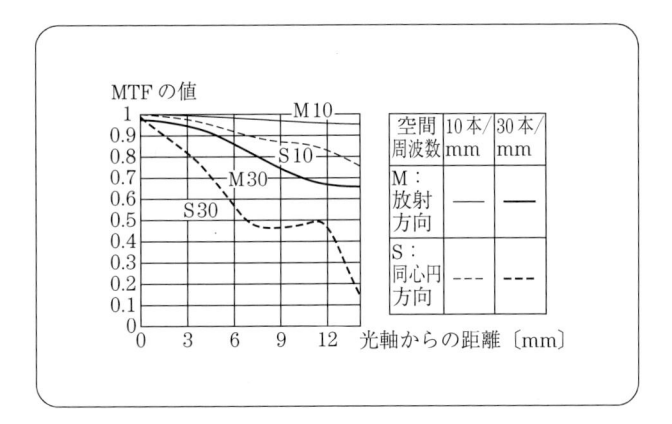

図7.4 空間周波数を固定して像面上の光軸からの距離（mm）を横軸にとり，縦軸にMTFの値をとる場合のグラフ．固定する空間周波数を，10 line pair/mm と 30 line pair/mm の場合について示す．図7.3と同じく，実線は放射方向のMTFを示し，破線は同心円方向のMTFの値を示している．MTFの値が大きい線が，空間周波数が 10 line pair/mm であり，値が小さい線が 30 line pair/mm である．

line pair/mm であり，値が小さい線が 30 line pair/mm である．図7.3と同じく，実線は放射方向のMTFを示し，破線は同心円方向のMTFの値を示している．

　このMTFは，特にイメージセンサ付きのカメラ，すなわちデジタルカメラやアナログビデオ回路との接続で重要である．イメージセンサの画素ピッチ（p）が決まれば，ナイキストのサンプリング定理より，そのイメージセンサで得られる最高空間周波数は式(7.14)で与えられる．

$$f_{\max} = \frac{1}{2p} \tag{7.14}$$

この空間周波数 f_{max} より高い（より細かい分解能特性を有する）結像レンズは不必要である．フーリエ変換とディジタル画像については，以下の談話室で述べる．

またビデオ（電子回路）系の最大（時間）周波数（**カットオフ周波数**と呼ばれる）と1水平走査時間から決まる最大空間周波数と同じ空間周波数特性（MTF）を持つレンズを使えばよいことになる．例えば，現在日本で使われているテレビ放送ビデオ規格（NTSC規格）では，ビデオ信号の最大周波数は約 4.5 MHz であり，水平走査周波数は約 15 kHz であるから，ビデオイメージセンサで光電変換される1水平走査線での明暗周期の最大数は N_{max} は次式となる．

$$N_{max} = \frac{1/(15 \times 10^3)}{1/(4.5 \times 10^6)} = 300 \tag{7.15}$$

この N_{max} は明暗で一対（line pair）であるから，画素（pixel）数ではその2倍の600画素となる．イメージセンサの水平長さを L 〔mm〕とすれば，最大空間周波数 F_{imax} は次式で与えられる．

$$F_{imax} = \frac{1}{L/300} = \frac{300}{L} \quad \text{〔line pair/mm〕} \tag{7.16}$$

例えば，$L=9$ mm の場合は，F_{max} は 33.3 line pair/mm となり，用いる結像レンズのMTFの最大値をこれに合わせればよいことになる．像の解像力については，次ページの談話室で述べる．

■ 談 話 室 ■

フーリエ変換とディジタル画像 本文でのフーリエ変換は連続系での数学的変換であるが，（コンピュータでの）ディジタル計算ではディジタル値（サンプル値（画像の場合には画素（pixcel）値）を量子化したもの）で扱う必要があるため，**離散フーリエ変換**（discrete Fourier transform）が基礎になっている．離散フーリエ変換と（連続）フーリエ変換は，ほとんど同じ性質を有するが，場合によっては，それらの差異に注意する必要がある．

離散フーリエ変換を高速で計算するアルゴリズムも開発され広く使われている．そのアルゴリズムは**高速（離散）フーリエ変換**（fast Fourier transform，略してFFT）と呼ばれ，画像（データ量）の圧縮にも使われている．この圧縮技術がデジタルカメラが実用になった一つの要因でもある．

■ 談 話 室 ■

結像光学系の解像力・分解能 英語では，解像力・分解能とも resolving power と

いい，レンズの結像性能を表す量の一つである．等間隔の白黒の周期パターンのレンズによる像で，そのパターンの明暗が見分けられる限界の 1 mm 当りに含まれる白黒の組の数で表される．すなわち，単位は line pair/mm（空間周波数と呼ばれる）である．

　像面上のある位置で，ある方向に移動する周期が連続的に細かく変化していくパターン（**図 7.5**（a）に示すテストチャート）を物体面で周期方向へ平行に移動させ，それに対応する像点位置に小さいピンホールを置き，その後ろに光電検出器を置いて光強度を計測すると，図（b）のように変化する．この光強度の平均値に対する変化部の割合が「コントラスト」であり，式(7.12)の MTF の応答に対応する．

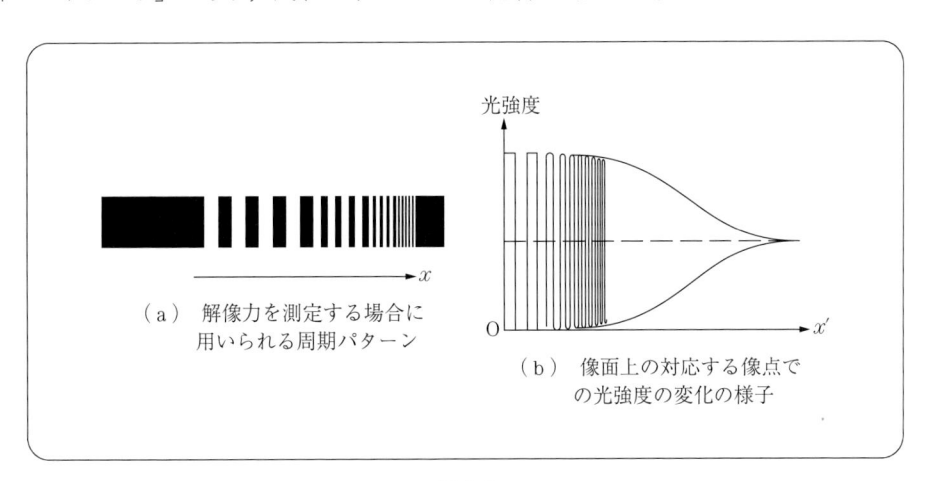

（a）解像力を測定する場合に用いられる周期パターン

（b）像面上の対応する像点での光強度の変化の様子

図 7.5

　このコントラストあるいは MTF の値が，0.5 や 0.1（これは定義による）になる空間周波数を**解像力**という．

　分解能も同じ意味で使われることがあるが，この用語は顕微鏡や望遠鏡でどれぐらい接近している 2 点が分離して観察できるかで使われることが多い．この場合の単位は顕微鏡では μm であり，望遠鏡では星などを見込む角度秒または mrad である．

　収差がない場合は，すなわち光線として考えるとすべての光線が共通の一点を通るので，点像は広がりのない点（点像分布関数は"δ 関数"）になり，そのフーリエ変換の絶対値である MTF は大きい空間周波数まで，"1"の応答を示すことになる．しかし実際は，光の波動としての回折現象によって点像はある広がりを持つ．この場合の分解能を**回折限界**という（9 章の天体望遠鏡の項など参照）．

　円形開口の収差がないレンズで，レーザビームをどの程度小さく絞り込むことができるかは，光ディスク（CD, DVD, HD-DVD, Blu-ray Disc）の記憶容量に直接的に影響する．導出は省略するが，この場合の点像広がり関数（光強度分布）$I(\rho)$ は回転対称形になり，次ページの式で与えられる．

7. 広がりのある物体の結像特性

$$I(\rho) = I_0 \left\{ \frac{2J_1\left(\frac{2\pi \tan\theta \times \rho}{\lambda}\right)}{\frac{2\pi \tan\theta \times \rho}{\lambda}} \right\}^2$$

この式で，ρ は広がりの動径方向への距離であり，$J_1(x)$ は第1種1次のベッセル関数であり，λ はレーザの波長，θ は**図7.6**(a)に示す角度，I_0 はピーク値強度である．

$\lambda = 0.8\,\mu\mathrm{m}$，$\theta = 30°$（ほぼCDの場合に対応）の場合の，$I(\rho)$ の形を図(b)に示す．この式から，レーザビームをより小さいスポットに絞り込むためには，より短い波長のレーザを使う必要があることがわかる．これがDVDでは，$0.650\,\mu\mathrm{m}$，HD-DVD，Blu-ray Discでは $0.405\,\mu\mathrm{m}$ の波長のレーザが使われる理由である．

（a）絞り込む光学系の概念図　　（b）$\lambda = 0.8\,\mu\mathrm{m}$，$\theta = 30°$（ほぼCDの場合に対応）の場合の $I(\rho)$ の形

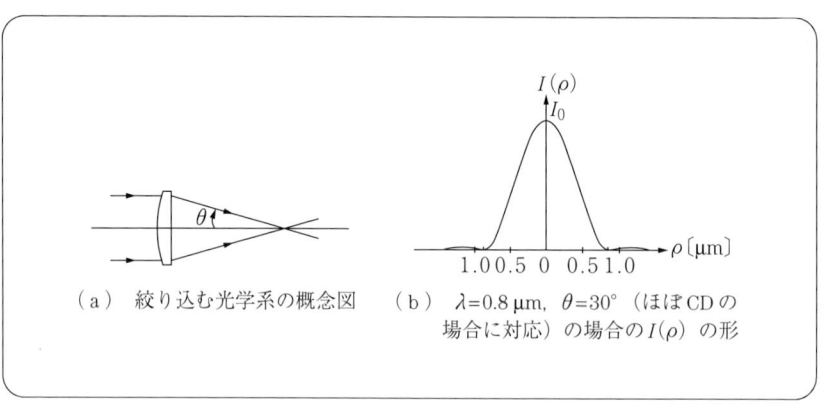

図7.6　レーザビームをレンズで絞り込む場合の図

7.4 被写界深度

撮像系をシステムとして考えた場合，像面に置かれる撮像素子（イメージセンサ）や写真フィルムの検出・記録できる細かさや，その画像（ビデオ）信号を送る伝送系の帯域幅によって像がある程度ぼけても，そのぼけはシステムの出力に影響を与えないぼけの最大値がある．すなわち，ピントが合っているとみなせる光軸方向への像面位置の許容範囲があり，その範囲内では，像面が光軸方向へ移動してもよい．この許容範囲を**像面深度**と呼び，それに対応する物体面の範囲を**被写界深度**と呼ぶ．この決定を最も簡単な式で表せる場合（二つの主点が一致し，入射瞳，射出瞳ともに主面と一致する場合で，光軸上の物点についての場

合）の様子を図7.7に示す．

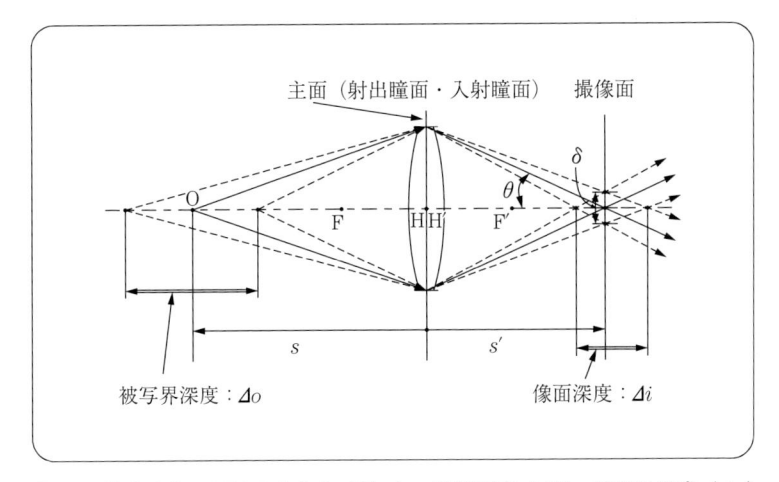

図7.7 許容されるぼけの大きさ（δ）と，像界深度（Δi），被写界深度（Δo）の関係を示す概念図（最も簡単に計算できる構成の場合）．この図ではわかりやすく示すために，ぴんぼけの許容範囲δを大きく描いている．

被写界深度がどのようにして決められるかを次の(1)～(3)の順序に従って数式で表す．

（1） **像面での許されるぼけの大きさの設定**　開口絞りが円形の場合，収差が小さいとすると，ぼけの形はほぼ円形になる．その直径をδ〔mm〕とする．

（2） **像面深度の決定**　図に示すように，像空間での像点への集光半角をθとすると，像面深度Δiは次式で与えられる．

$$\Delta i = \frac{\delta}{\tan(\theta)} \tag{7.17}$$

（3） **被写界深度の決定**　それぞれの距離を図に示す記号で表すと，被写界深度の長さΔoは次式で表される．この式の導出は，付録8に示す．

$$\Delta o = \frac{2f'^2 \delta}{(f'-s')^2 \tan \theta} \tag{7.18}$$

これらの式からわかるように，像面深度・被写界深度ともに，δが小さいほど狭くなり，θが小さいほど，深くなる．また被写界深度から外れている物体も，θが小さいほどそのぼけの大きさは小さくなる．開口絞りの大きさ（$\tan \theta$）を変えることによって，像の明るさだけではなく，被写界深度およびぼけの大きさを調節することができる．

θを非常に小さくすると（すなわち開口絞りを非常に小さく絞り込むと），被写界深度が非常に長くなり，奥行が深いほとんど全部の物体の像面でのぼけがδ以下になる．このような結像光学系を**パンフォーカス結像**と呼ぶ．

結像光学系の像焦点距離（f'）に比べて物体主点から物体までの距離（s）の絶対値が十分大きい場合（普通のカメラで写真を撮る場合はこの条件は満足される），式(7.19)の関係

を用いると，式(7.18)は，式(7.20)になる．

$$s' = f' + \Delta s' \tag{7.19}$$

$$\Delta o \fallingdotseq \frac{2f'^2 \delta}{\Delta s'^2 \tan\theta} \tag{7.20}$$

この式からわかるように，被写界深度は，$\Delta s'^2$ に反比例するから，遠い被写体ほど，$\Delta s'$ は小さくなるので，被写界深度は深くなる．

本章のまとめ

❶ 太陽光や一般の照明光による結像は**インコヒーレント結像**と呼ばれ，各物点からの**点像広がり関数**（point spread function）と物体面での光強度分布との畳込み積分の形で記述される．

❷ 点像広がり関数の2次元フーリエ変換は**光学的伝達関数**（optical transfer function，略してOTF）と呼ばれ，その単位は（line pair/mm）であり，（時間）周波数に対応して，**空間周波数**と呼ばれる．

❸ 点像広がり関数が像面の位置によって変わらない範囲では，像面での光強度分布と物体面の光強度分布の関係は簡単な式によって表せる．

❹ その場合の2次元フーリエ変換の式は，ビデオ信号の伝送特性やデジタルカメラ画像のサンプリングやその後の画像処理に有効である．

❺ 結像レンズの（像）焦点距離が一定の場合，（開口）絞りの大きさを変えると被写界深度が変化する．高度な写真や映像撮影では，この特性を積極的に使っている．

●理解度の確認●

問7.1 収差を伴わない理想的なぴんぼけ像のpsfは円筒関数で表される．数式で簡単に扱うために，1次元のぼけを考える．そのぼけの幅を 2Δ とすれば，この場合の点像広がり関数は次式で表される．

$$\left.\begin{aligned} I(x) &= I_0 & |x| \leq \Delta \\ I(x) &= 0 & \text{それ以外} \end{aligned}\right\} \tag{7.21}$$

この場合のMTFの式を求め，その形を図示せよ．

問7.2 像焦点距離が +100 mm の撮像用レンズで 10 m 離れた物体（被写体）を写す場合，像面で許容されるぼけの大きさは 10 μm とする．Fナンバーが4と16のそれぞれの場合について，被写界深度はいくらか．

8 収差補正とレンズ設計

本章では,6章で述べた"収差"を小さくする方法について,その基本的な方法について紹介し,更に複雑な構成の結像レンズを設計する方法について概観する.

8.1 収差補正の考え方

6章で述べたように，単レンズの場合には，レンズに入射する光線が近軸光線から離れるに従って，収差が大きくなる．この収差を小さくすることを**収差補正**という．収差補正には，大きく分けて二つの方法がある．

単レンズで球面収差（だけ）を小さくするアプローチとして，屈折表面形状を変化させる方法がある．レンズの屈折表面形状は，4.3節で述べたように，製造上の容易さから，ほとんどの面形状は「球面」あるいは平面である．球面（あるいは平面）でない光学面形状はすべて**非球面**と呼ばれる．

もう一つの収差を小さくするアプローチは，屈折率および色分散が異なる球面単レンズを複数個並べることである．この場合，各単レンズの光軸を一致させるので，**共軸光学系**と呼ばれる．

8.2 非球面単レンズによる球面収差補正

これはおもに，4.1節で述べたレーザ光を小さい点に集光させる目的に使われるレンズがその例である．そのような非球面レンズの表面形状は，光軸を回転対称軸とする回転対称な曲面であり，光軸を含む平面での断面形状は次式で表される．

$$Z(\rho) = \frac{c\rho^2}{1+\sqrt{1-(1+k)(c\rho)^2}} + a_2\rho^2 + a_4\rho^4 + a_6\rho^6 + a_8\rho^8 + a_{10}\rho^{10} \tag{8.1}$$

この式で，"ρ" は回転対称軸からの距離であり，"$Z(\rho)$" はその ρ における断面形状の高さである．その様子を図 8.1(a) に示す．この式の右辺第1項で表される回転対称な曲面は「回転対称なコニック（円錐）面」と呼ばれる．その理由は，円錐を平面で切ったときの切り口の形状を表すことからそのように呼ばれる．平面の方向によって以下に示す5種類の曲線になる．式(8.1)右辺の第2項以上の部分はコニック関数からの補正項であり，回転対

8.2 非球面単レンズによる球面収差補正

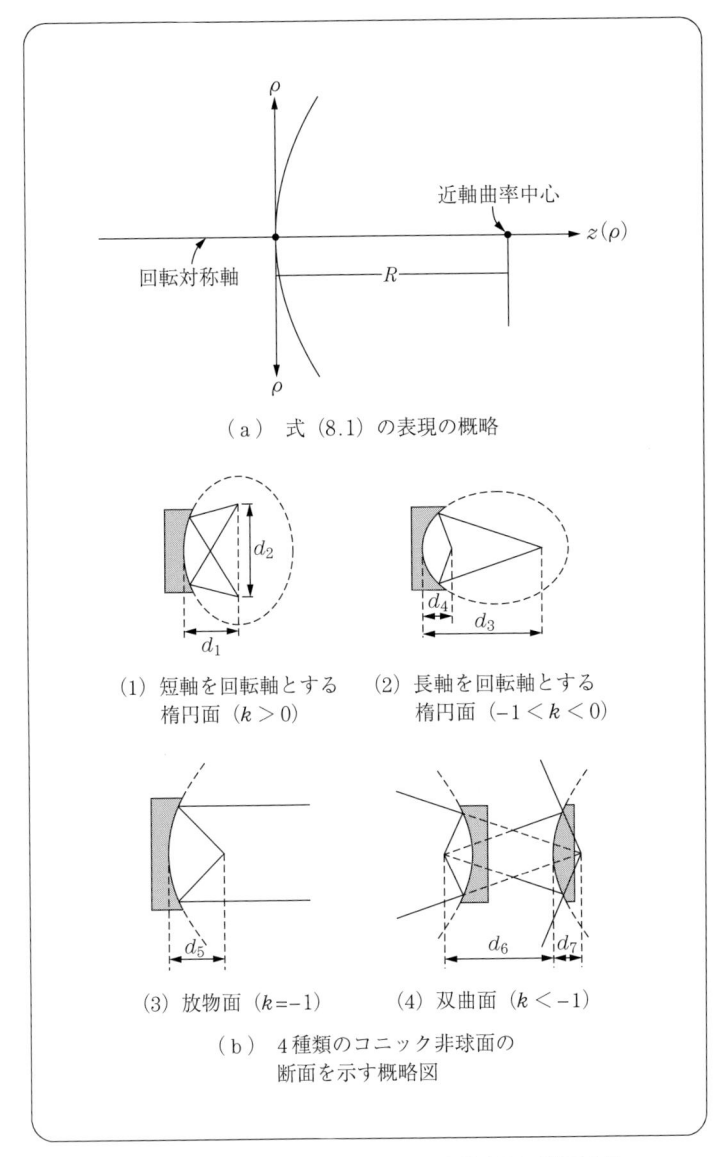

図8.1 回転対称な非球面コニック光学表面の断面形状

(a) 式 (8.1) の表現の概略

(b) 4種類のコニック非球面の断面を示す概略図
 (1) 短軸を回転軸とする楕円面 ($k>0$)
 (2) 長軸を回転軸とする楕円面 ($-1<k<0$)
 (3) 放物面 ($k=-1$)
 (4) 双曲面 ($k<-1$)

称であるから，偶数項の級数の和で記述される．この式で，"c"は曲率であり，"k"は**コニックコンスタント** (conic constant) と呼ばれる．曲率 c と曲率半径 r との関係は次式である．

$$r=\frac{1}{c} \tag{8.2}$$

コニックコンスタント "k" の値によって，その断面形状は次のようになる．

$k>0$ のとき：短軸を回転対称軸とする楕円面（断面形状は楕円）

8. 収差補正とレンズ設計

$k=0$ のとき：球面（断面形状は円）

$0>k>-1$ のとき：長軸を回転対称軸とする楕円面（断面形状は楕円）

$k=-1$ のとき：放物面（断面形状は放物線）

$k<-1$ のとき：双曲面（断面形状は双曲線）

球面を除く四つのコニック面の様子を図（b）に示す．コニック面で $k=0$ のときは球面になる．数式的には球面もコニック面の一つであるが，"光学曲面"の分類からは，球面とそれ以外の（回転対称）曲面とは別に扱われる．

非球面単レンズの一例として，第1屈折面が回転対称なコニック面で第2屈折面が光軸に垂直な平面である凸の単レンズを考える．レンズ媒質の屈折率は1.60，まわりは空気であり，その屈折率は1.00であるとする．コニック曲面の曲率半径 $r=100$ mm，そしてレンズの中心部の厚さは20 mmとする．このレンズに光軸に平行な光線束が入射する場合の縦収

$r=+100$ mm，$D=20$ mm，$n_1=1.0$，$n_2=1.60$，
$h_{\max}$（光線の光軸からの高さの最大値）=40 mm

（a）凸平非球面レンズの光線追跡

（b）凸平非球面レンズの光軸に平行光入射の場合の縦収差量

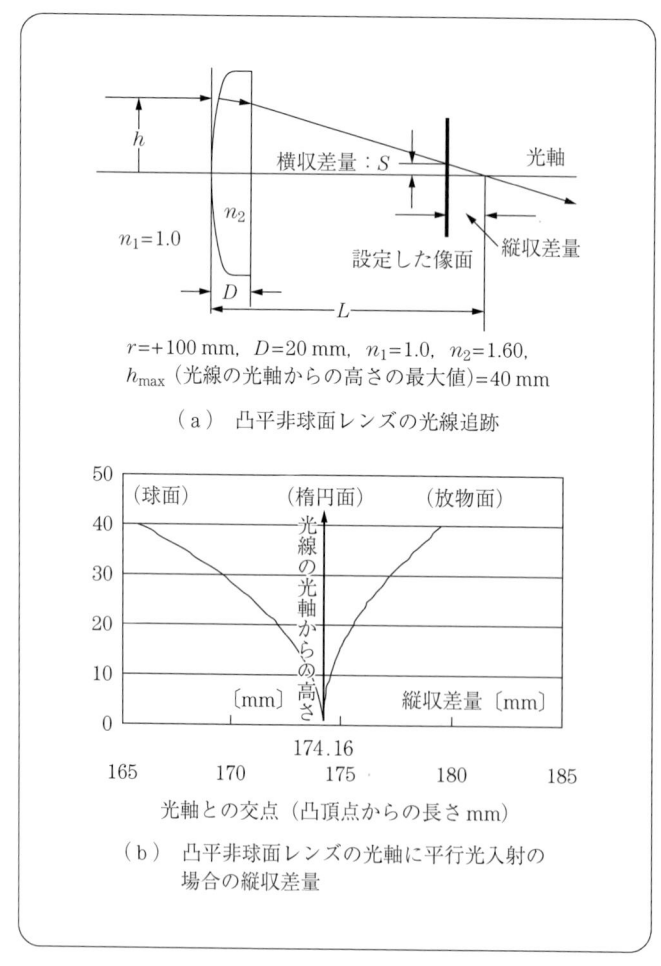

図8.2 凸平非球面単レンズに光軸に平行な平行光線が入射した場合の縦球面収差の計算例

8.2 非球面単レンズによる球面収差補正

差を考える．そのとき，光軸からの最大光線高さ $h_{max}=40\,\mathrm{mm}$ とする．この様子を図8.2(a)に示す．この第1屈折面が，①球面，②放物面，③楕円面（$k=-0.60$）の場合の縦収差量の大きさを図(b)の横軸に示す．このグラフの縦軸は入射光線の高さ（単位：mm）を示す．このように非球面形状にすることにより，軸上の球面収差を非常に小さくすることができる．

このような非球面単レンズの代表例としては，CDやDVDなどの光ディスク装置で使われているレーザヘッドのレンズがある．レーザによる光ディスクの微小ピット（穴）読取り光学系と，使われているレンズの代表的な一例を図8.3に示す．そのレンズは両面が非球面になっており，球面収差はほとんど0にしている．これは光学プラスチックを型に流し込んで成型する"モールド法"によって大量生産されることにより，低価格化を実現している．

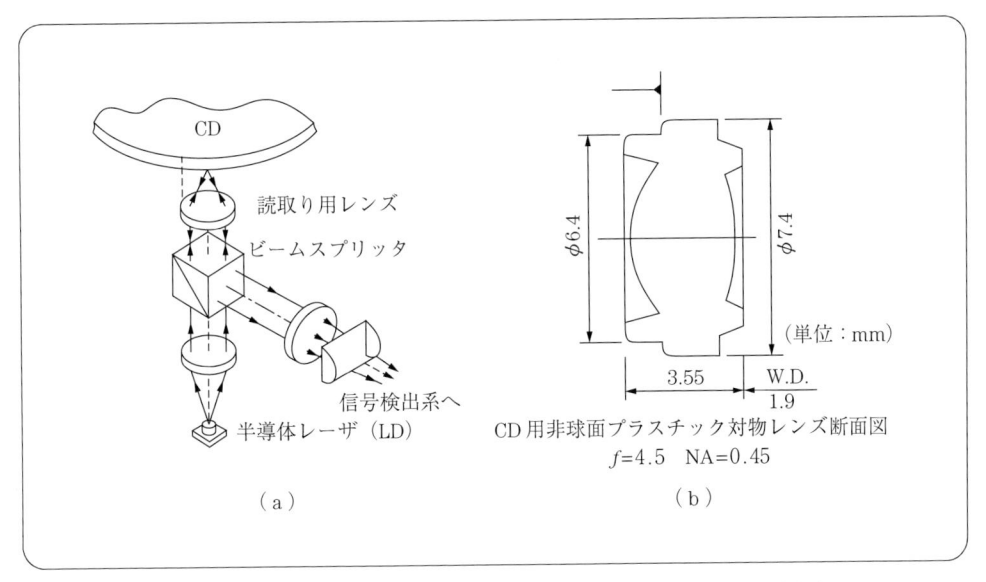

図8.3 コンパクト光ディスク（CD）のレーザ光による読取り光学系（a）と，読取り用レンズの例（b）．これは1990年頃にコニカ(株)（現(株)コニカミノルタ）が大量生産販売したプラスチックモールド両面非球面レンズ．

光ディスク用両面非球面単レンズの断面形状を表す係数値を表8.1に，その集光特性（横収差量）を図8.4に示す．

このように収差が小さいと，光線としての扱いでは不十分で，光波動の伝搬として計算しなければならない．実際の点像の広がり大きさは光波動の伝搬（回折現象という）により，光線追跡の結果より大きくなる．

しかし，一般にはこのような非球面単レンズでは，光軸と傾きがある光線束が入射する場合には，球面の場合よりも収差が急激に大きくなる傾向にある．そのため基本的に光軸に平行な入射光線束しか入射しないような光ディスクには使われるが，斜め光線束が入射する撮

**表 8.1　LIGHTPATH 社が公開している光ディスク用
両面非球面単レンズの断面形状を表す係数値の表**

LIGHTPATH 社製非球面レンズ　（NA=0.5, f=8.00 mm, n=1.597 08 at λ=780 nm）						
	R	k	A_4	A_6	A_8	A_{10}
物側曲面	5.092 39	−0.473 17	0	-2.257×10^{-6}	2.412×10^{-9}	-8.263×10^{-9}
像側曲面	−56.203 10	0	5.124×10^{-4}	-2.266×10^{-5}	3.33×10^{-7}	0

$$z(y)=\frac{y^2}{r\left[1+\sqrt{1-\frac{(1+k)y^2}{r^2}}\right]}+A_4y^4+A_6y^6+A_8y^8+A_{10}y^{10}$$

開口数 NA	有効焦点距離 f	設計波長 λ	中心厚 t	倍率比 M	カバーガラス t, n
0.5	8.00 mm	780 mm	3.69 mm	∞	0.250 mm, 1.510 72

(a) 表 8.1 の形状の非球面単レンズの断面形状の概略

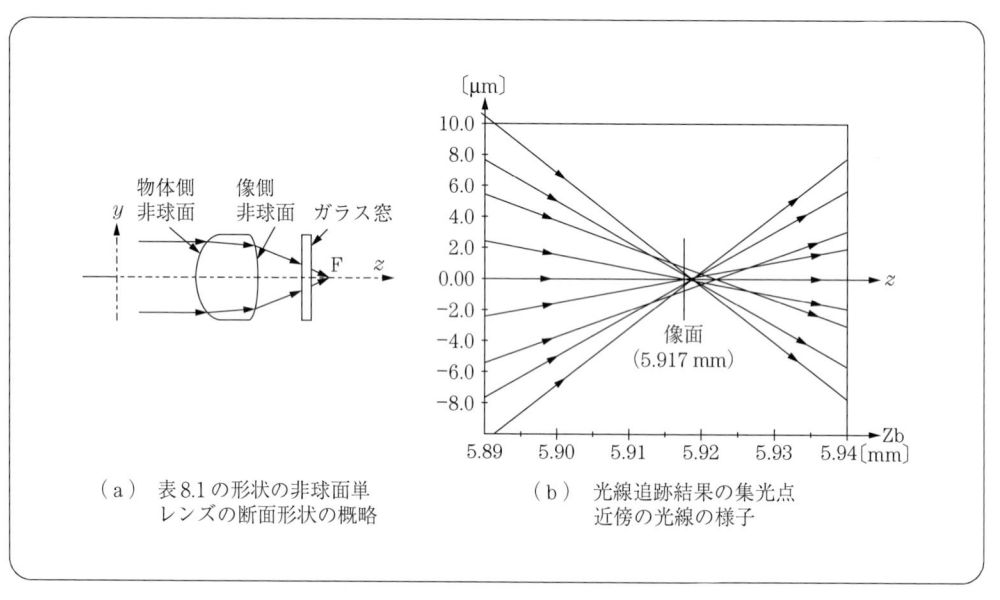

(b) 光線追跡結果の集光点近傍の光線の様子

図 8.4　光ディスク用非球面単レンズの集光特性の例．図(b)では光軸方向（横軸）に比べて，縦軸が約 2.1 倍になっている．

像レンズには使われない．ほかに，次節で述べる色収差の除去も単一波長のレーザ光が使われる光ディスクでは不要であることもある．

このように，物点から出て入射レンズに（厳密には入射瞳面に）入る多数の光線をレンズで屈折（またはミラーで反射）させて，レンズ（またはミラー）から出る光線を決めていくことを**光線追跡**（ray tracing）という．また，これらの光線 1 本 1 本が設定した像面と交わる点を一点ずつプロットした図形を**スポットダイアグラム**（spot diagram）という．次節で述べる色消しレンズ（アクロマート）のスポットダイアグラムの例を**図 8.5** に示す．同図(a)は光軸に平行な光線束が入射した場合である．参考のために同じ焦点距離，同じ有効径の単レンズの場合のスポットダイアグラムを同図(b)に示す．

8.2 非球面単レンズによる球面収差補正　97

(a) アクロマートレンズの
近軸焦点位置

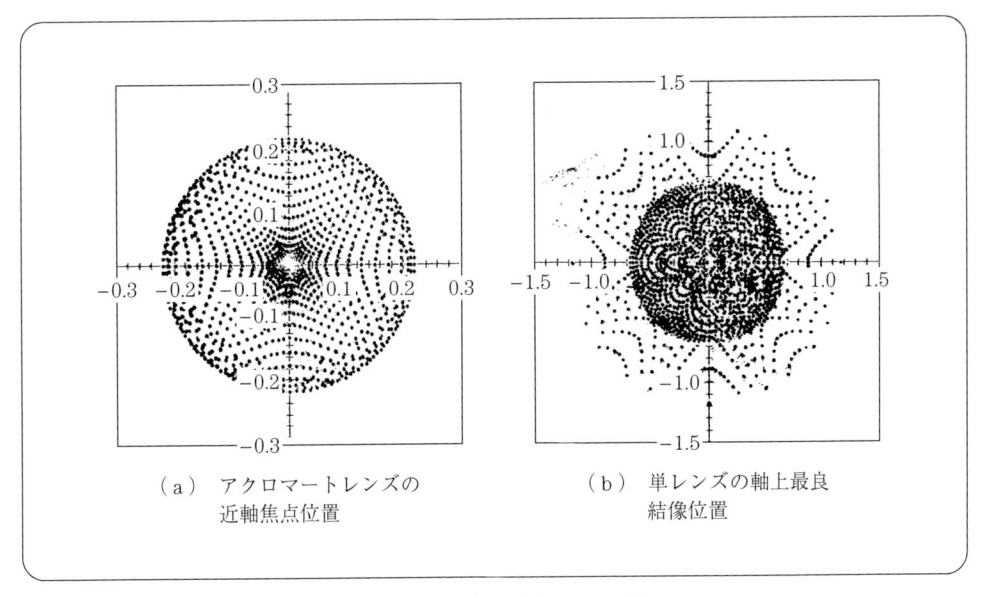

(b) 単レンズの軸上最良
結像位置

図 8.5　スポットダイアグラムの一例
（座標の縮尺が異なっていることに注意）

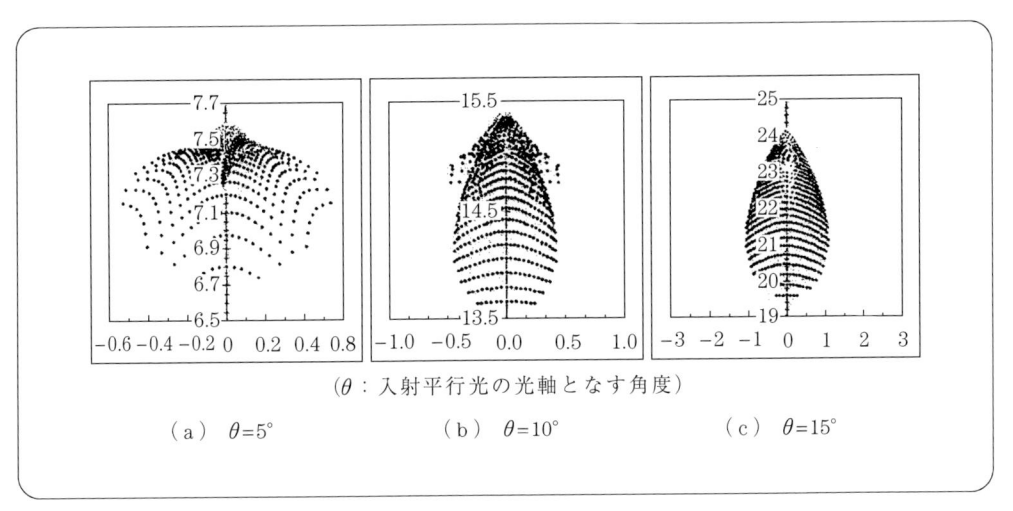

(θ：入射平行光の光軸となす角度)

(a) $\theta=5°$　　(b) $\theta=10°$　　(c) $\theta=15°$

図 8.6　図 8.5 と同じ色消しレンズに光軸とそれぞれ 5°，10°，15°
傾いた平行光線束が入射した場合のスポットダイアグラム

　また，同じアクロマートレンズに光軸とそれぞれ 5°，10°，15°傾いた平行光が入射した場合のスポットダイアグラムを図 8.6 に示す．

8.3 組レンズによる色収差補正の基本

　撮像のために使われるカメラ用の結像レンズは，いろいろな波長（色）の光で，なおかつある大きさの像面範囲にわたって集光性能を満たさなければならないので，8.2節で述べた単レンズではその性能を実現できない場合が大部分である．この節では，そのようなレンズの収差補正の基本について述べる．まず小さくしなければならない収差は6.2節で述べた色収差である．この収差補正の基礎となる光学ガラスに色分散の大きさを表すアッベ数についてまず述べる．

8.3.1 アッベ数

　レンズ材料として使われる光学ガラスや透明な光学プラスチックの色（すなわち波長）分散特性をレンズ設計に使いやすい簡単な数値で表しておくと便利である．その数値として，**アッベ数**（普通 ν_d で表される）がある．比較的簡単に使える色（波長）が分かれている代表的な三つの波長として，486.1 nm（F線；フラウンホーファーライン：青色），587.6 nm（d線；オレンジ色），656.3 nm（C線；赤色）のそれぞれの波長の光に対する屈折率（図6.4の線で示している）を n_F, n_d, n_C で表すと，アッベ数は，次式で定義される．

$$\nu_d = \frac{n_d - 1}{n_F - n_C} \tag{8.3}$$

　アッベ数は，（F線とC線の波長での）屈折率の変化が小さいほど大きくなり，またd線の波長での屈折率が大きいほど大きくなる．代表的な光学ガラスであるクラウンガラスとフリントガラスおよび代表的な光学プラスチックであるPMMAについて，前記三つの代表的な波長の光に対する屈折率とアッベ数を**表**8.2に示す．

　種々の光学ガラス材料について，アッベ数を**図**8.7のように表す．この図での横軸はアッベ数，縦軸はd線に対する屈折率である．この図で注意すべき点の一つは，アッベ数は向かって左手方向がより大きい値になっていることである．

　このアッベ数の逆数は，軸上色収差の大きさ（$\Delta f'\text{color}$）の像焦点距離に対する割合を表す．すなわち

表 8.2　代表的な波長の光に対する屈折率とアッベ数

代表的な光の波長	クラウンガラス (BK-7)	フリントガラス (F2)	PMMA（屈折率は温度によって大きく変化する）
0.4861 μm (F線；青色)	1.5224	1.6321	1.496
0.5876 μm (d線：オレンジ色)	1.5168	1.6200	1.490
0.6563 μm (C線：赤色)	1.5143	1.6150	1.488
アッベ数	63.80	36.26	58

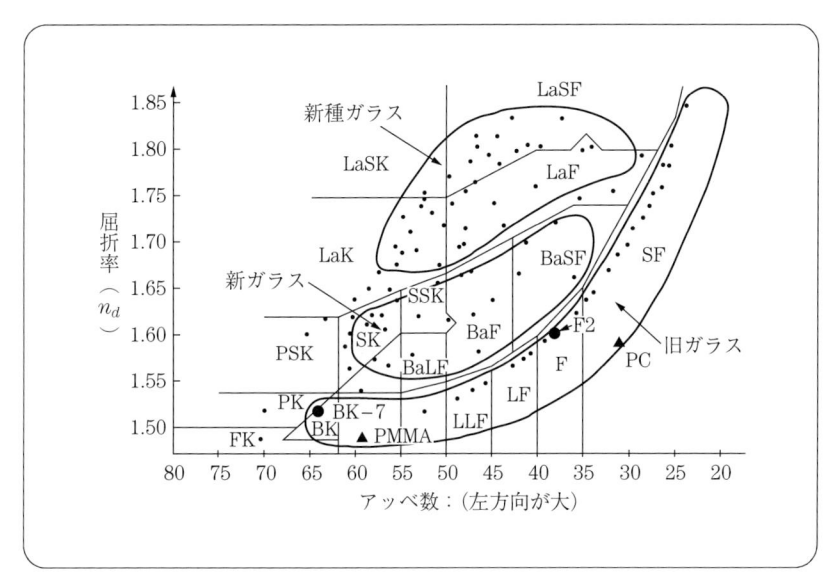

図 8.7　いくつかの代表的な光学ガラスのアッベ数を横軸に，d線の屈折率を縦軸にとったグラフ（アッベ数が大きい方向を左方向に書いていることに注意）

$$\Delta f_{color}' = f_C' - f_F' = \frac{f_d'}{\nu_d} \tag{8.4}$$

この導出は付録 9 に示している．すなわち，アッベ数が大きい光学材料では，軸上色収差が（相対的に）小さいことを意味する．

このアッベ数の違いを使って，色収差を小さくする方法を次項で紹介する．

8.3.2　色消しレンズ

前項で述べた色収差を小さくした単レンズを 2 枚合わせたレンズを**色消しレンズ**と呼ぶ．最も簡単な構成で現在よく使われている張合せ色消しレンズの構成を**図 8.8** に示す．

この構成の色消しレンズを**アクロマート**（achromat）と呼ぶ．クラウンガラスの凸レン

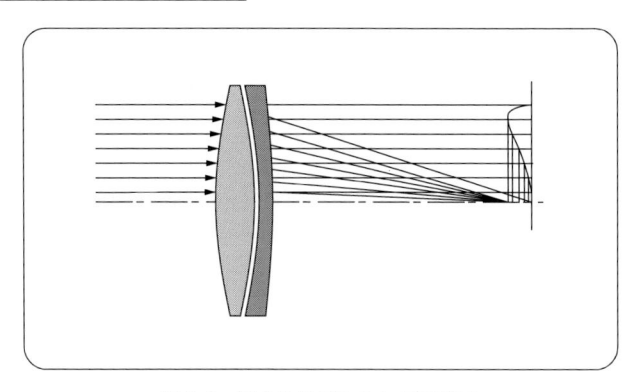

図 8.8　張合せ色消しレンズの構成

ズ（第 1 レンズ）とフリントガラスの凹レンズ（第 2 レンズ）の 2 枚の単レンズからなり，凸レンズの第 2 屈折面の曲率半径と凹レンズの第 1 屈折面の曲率半径を同じにして，その面を光学接着剤で張り合わせた構成になっている．大きいアッベ数のクラウンガラスの凸レンズにより集光力（パワー，焦点距離の逆数）を持たせ，そのクラウンガラスの単レンズから発生する色収差を補正効果が大きいフリントガラスのパワーが負で，その絶対値が小さい凹レンズで補正しようとする考え方である．第 1 レンズの第 2 屈折面と第 2 レンズの第 1 屈折面の曲率半径を等しくして張り合わせるのは，① その境界面での反射光成分を小さくする，② その間にゴミが入らないようにする，③ レンズを枠に入れる際に軸ずれが生じない，ためである．

それぞれの単レンズの焦点距離 f_1', f_2' は，両レンズを薄いレンズと近似した場合には，アクロマートの F 線と C 線の波長の光の焦点距離が等しくする条件から次式で与えられる．この式の導出を付録 10 に示す．

$$f_1' = \frac{\nu_2 - \nu_1}{\nu_2} \cdot f_j' \tag{8.5}$$

$$f_2' = \frac{\nu_1 - \nu_2}{\nu_1} \cdot f_j' \tag{8.6}$$

これらの式で，f_j' は組レンズを一つのレンズ（アクロマート）とみなした場合の焦点距離，ν_1, ν_2 はそれぞれクラウンガラス，フリントガラスのアッベ数である．

このような関係を満たす組レンズとすることにより，軸上色収差だけではなく軸上球面収差も小さくすることができる．この様子は図 8.5 のスポットダイアグラムで示したとおりである．

このアクロマートは最も簡単な組レンズの一つであり，カメラで使われる撮像レンズは，ある像面範囲にわたって色収差・単色収差を小さくする必要があり，そのために更に複雑な構成にしなければならず，またその設計も複雑になる．

8.4 レンズ性能の評価

　ある一つの波長だけで，基本的に光軸上に集光する機能だけを持たせることを目的として使う光ディスクの対物レンズ等では，軸上の収差を小さくすることと，光軸と（1°以下の）ある小さい角度だけ傾いた平行光線束の場合（これは，そのレンズの組込み精度をいくら以下に抑えられるかに対応する）について，そのレンズの特性を調べればよいから，そのレンズの性能評価は比較的シンプルである．

　しかしカメラの結像レンズの場合，（設計した）あるレンズの性能評価をどのようにするかそれ自体が問題である．まず，カメラレンズの場合には物体までの距離はカメラレンズの像焦点距離に比べて非常に長い場合が大部分であるので，物点は無限遠にあるとみなす．すなわち，光軸とある角度で入射する平行光を仮定する．

　その光線束のうち，レンズを通過する光線束が設定した像面上で集光し，ある光強度分布になる．この分布が7章で定義した点像（光強度）広がり関数である．この分布は像面の中心（設定した像平面と光軸との交点）では回転対称であるが，それ以外の位置では一般には回転対称とはならず，ある点と像面の中心を結ぶ直線に関して，線対称になるだけである．このpsfを設定した像面の大きさから決まる複数の像点位置について求める必要がある．複数の像点の設定としては，光学系は光軸に対して回転対称（共軸光学系）を仮定しているので，像の中心からの距離だけを複数選べばよい．前節で述べたように，このpsfは波長によって異なるので，複数（普通は前節で述べた三つ）の波長について求める必要がある．レンズの結像性能はそれらを総合して評価しなければならない．

　ある（設計した）レンズについて，このpsfを計算する方法としては二つある．一つは射出瞳面での波面収差を求めて，それから波面を伝搬させ，設定した像面での（複素）振幅分布を計算し，その絶対値の2乗により，光強度分布すなわちpsfを求める方法である．もう一つの方法は，入射瞳面を細かく分割し，その小さく分割されたセルに1本ずつの光線を入射させてその光線が通過するパス（道）を計算していき，最終的に設定した像面とぶつかる点を決定していく．これが8.2節で述べたスポットダイアグラムである．その光線の数（すなわちぶつかる点の数）を10万点以上にすることにより，単位面積当りの点の数から近似的なpsfを決定する方法である．

　第1の方法は，単レンズなどでは比較的低次のツェルニケ級数項で精度よく近似できる

が，組レンズになると，この級数ではうまくフィッティングできない場合が多く，実際にはあまり用いられない．第2の方法は大変な計算量のため，1990年頃以前は高額なコンピュータで多くの時間を必要としたが，近年ではコンピュータの高速・低価格化により，実用的に使えるようになっている．

次は，このようにして求めたpsfをどのように評価に使うかである．一つの簡単な評価は例えばpsfの最大値の1/2の値になる2次元の大きさ・形を点像の大きさとみなす方法である．この広がり大きさは前述のように，像面中心位置を除いて，方向によって異なる．その大きさを「分解能」あるいは「解像力」と定義する．分解能はその大きさ（複数の方向の長さ）を示し，単位はmmあるいはμmである．それに対して，解像力は前述の方向に垂直な明暗の周期パターンの物体が正確に明暗の周期パターンの像として得られる限界を示す値であり，像面でその周期の逆数で表す．その単位は，周期(line pair)/mmであり，**空間周波数**とも呼ばれる．これも方向によって異なるのが普通である．前記定義は一つの定義であり，psfの広がりを，最大値の1/9と定義する場合もある．いずれにしても定義により分解能，解像力の値が違ってくる．

もう一つの解像力の限界として，コントラストが例えば0.2に低下する像面での空間周波数の逆数として定義する場合もある．コントラストは振幅（変調）伝達関数と密接に結びついている（7.3節を参照のこと）．

8.5 レンズ設計（自動）プログラム

複数枚の単レンズからなる共軸結像光学レンズの設計は基本的に光線追跡である．それも数万本以上の光線追跡である．同時に重要なのは結像特性の評価である．評価の基本は8.4節で述べたが，それらをどのように組み合わせてトータルとしての評価とするのがよいかも一義的には決められない．この評価関数は**メリットファンクション**と呼ばれる．

例えば，球面単レンズ3枚で（d線での）像焦点距離が50 mm，像サイズを半径10 mmとする場合のカメラレンズ設計を想定してみよう．図8.9に示すように，変更できるパラメータは，レンズ3枚それぞれの第1および第2屈折面の曲率（半径）$r_{n,1}$，$r_{n,2}$，および中心でのレンズの厚さt_n（$n=1,2,3$）と光学ガラスの種類およびレンズ間隔d_1，d_2である．8.3節で述べたように光学ガラスの特性は，$n_{d,n}$およびアッベ数ν_n（$n=1,2,3$）で表現してよい．すなわち，変数は合計で17になる．もちろん像焦点距離は決められているから，

8.5 レンズ設計（自動）プログラム

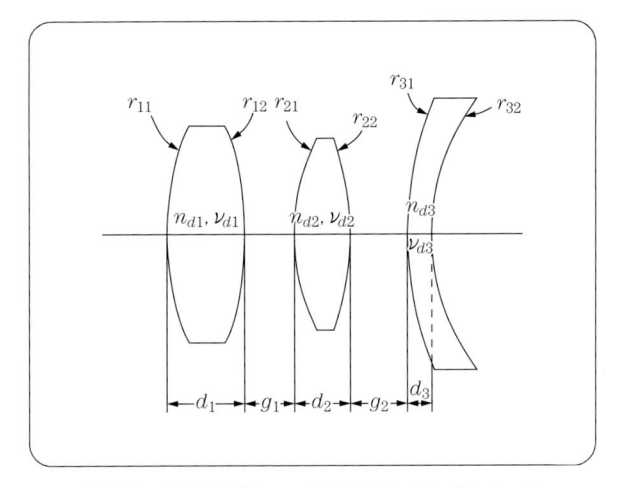

図 8.9 共軸 3 枚単レンズの変更できるパラメータ

　これらの変数の間にはある関係がなければならない．また，使う光学ガラスの種類は 5 種類とすれば組合せの数は減る．

　そしてメリットファンクションをどうするかである．例えば，像面中心，そこから 3 mm，6 mm，9 mm 離れた位置での psf の半値幅のメリディオナル方向およびサジタル方向への長さ，三つの代表的な波長（F 線，d 線，C 線）について，その psf 中心の位置ずれを含めた長さの 2 乗の総和をメリットファンクションとする．このメリットファンクションが最も小さくなる前記 17 のパラメータの組合せが解となる．これは解析的には解くことができず，どうやってメリットファンクションが最小になる解を少ない計算量で見つけるかが重要になる．

　最もストレートな方法としては，適当に粗くパラメータの値を設定してメリットファンクションを計算し，それが最小になる組合せを決定する．そして，その近傍でパラメータを少しずつ変化させてメリットファンクションの値がより小さくなる方向へ動かせていき，最小になるパラメータの組合せを求める．これを速く進める方法としては，種々の勾配法や逐次変化法から最小二乗法や減衰最小二乗法等がある．このようにして決めたパラメータの組合せは一つの極小（ローカルミニマム：local minimum）であることに違いない．しかしこの組合せが必ずしもメリットファンクションの値の最小値になっているとは限らない．他のローカルミニマムのほうがメリットファンクションの値が小さいかもしれない．

　別の組合せのローカルミニマムへ自動的に進む方法の一つに，**シミュレーテッドアニーリング**（simulated annealing）と呼ばれる方法がある．

　できれば，プログラムにより自動的に最小値になるパラメータの組を決められればよい．そのための方式はいろいろと提案されているが，決定版はない．このように最適な組合せを

決定することは，できるだけ多くのレンズに関するデータの積み重ねが重要であり，そのために優れたカメラレンズを設計・製造できる会社は世界中で数えるぐらいしかない．

本章のまとめ

❶ レーザビーム集光用単レンズでは，非球面レンズが球面収差補正のために多く使われている．

❷ 光学レンズの非球面形状は，回転対称でその断面形状はコニック面が基準になっている．

❸ 結像（カメラ）用レンズでは，（倍率の）色収差を小さくすることが重要である．

❹ 色収差補正の基本はアッベ数が異なる2種類のレンズを組み合わせることにより，実現される．

❺ 結像（カメラ）用レンズの分野でも，非球面レンズや低分散ガラスレンズを部分的に使用することにより，大ズーム倍率レンズの製品が作られている．

❻ 近年のレンズ設計は，コンピュータがなければできない．ただし，結像特性の評価をどうするか，その最適解（アッベ数などの光学特性が異なる単レンズの組合せ）をどのように決めていくかには，これまでの多年のデータの蓄積が重要であり，カメラメーカーはこのデータの蓄積が財産になっている．

●理解度の確認●

問8.1 光軸を回転対称軸とする近軸曲率半径が100 mmの凹面で，その光軸を含む断面形状が円の場合と放物線の場合では，開口の半径が25 mmの半径の位置では，高さの差は何μmか．

問8.2 2枚の単レンズの張合せ型アクロマートレンズで，像焦点距離が＋100 mmのレンズを作りたい．表8.2に示す代表的なクラウンガラスおよびフリントガラスを使う場合，それぞれの単レンズの焦点距離はいくらにすればよいか．

　また張合せ球面の曲率半径を＝－43.0 mmとする場合，第1単レンズの第1屈折面の曲率半径および第2単レンズの第2屈折面の曲率半径はいくらにすればよいか．ただし，それぞれのレンズは薄い単レンズとし，またそれぞれのレンズの屈折率は，それぞれのガラスのd線の屈折率を仮定するものとする．

9 結像光学機器

本章では実際に光学素子が含まれている道具，部品，装置，システムについて述べる．最もシンプルなメガネレンズから現在の IT 社会を支える LSI 製造装置で使われているステッパについても簡単に述べる．

9.1 ヒトの眼とその矯正

9.1.1 ヒトの眼の構造

まず最初に，（特に肉眼視の）結像光学機器と密接な関係にあるヒトの眼の構造・機能について簡単に述べる．（ヒトの）眼は高度な情報処理能力を加え持つ結像光学性能を持っている．直径が 25 mm 程度の球状の中にその機能が集約されている．図 9.1(a) に右眼の中心部の水平断面構造を示す．また，同図(b)に同じ断面の両眼および視覚情報処理に携わる脳への視神経の接続状態を示す．

(a) 右眼の中心部の水平断面構造

(b) 両眼およびその視覚情報処理に携わる脳への視神経接続状態

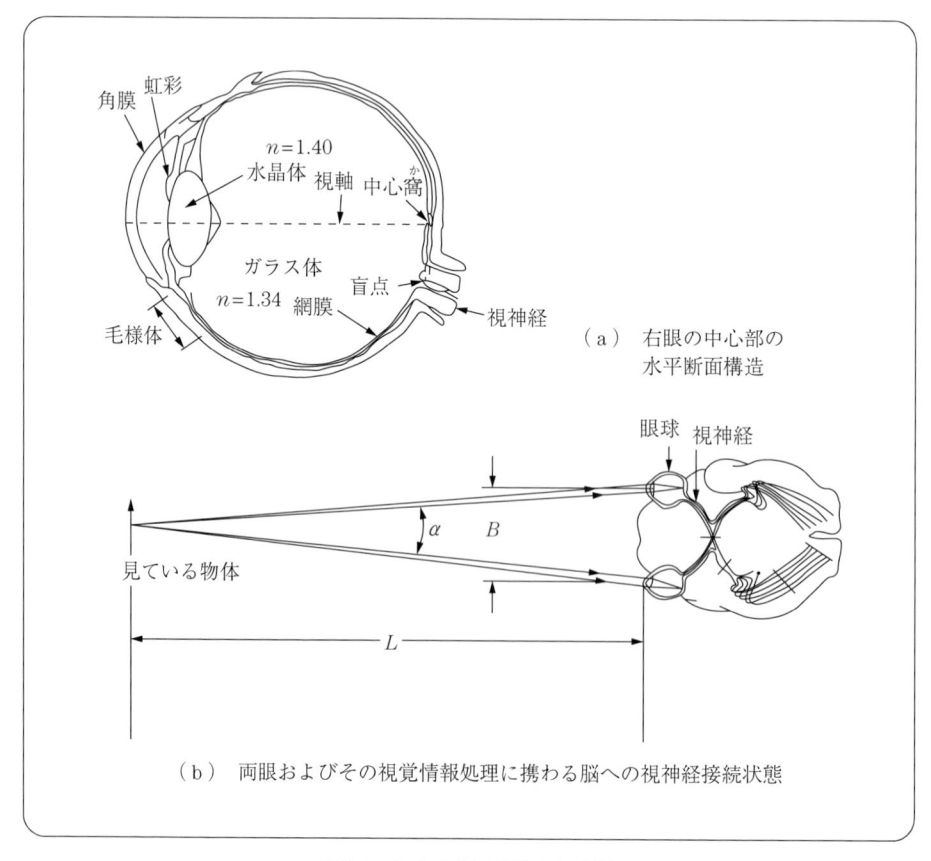

図 9.1　ヒトの眼の構造を示す図

これまで扱ったレンズの機能に相当する部分は，角膜および水晶体である．大半の結像は角膜と外部の空気との境界での屈折で行われる．角膜は非常に硬い透明体でできており，空気との境界面が乾かないようにまぶたによって，液体（涙）で濡れている．

水晶体は物体までの距離によって焦点距離を変え，網膜上にシャープな像を作る．網膜はイメージセンサの働きをする部分である．ただし，この網膜の特性は大きい非線形特性を持っており，照明光源もそれで照らされる物体も同時に見ることができる．イメージセンサも写真フィルムも及ばない．網膜にできたカラー像の 2 次元光強度分布を検出し，視神経を通してその分布を脳へ送る．網膜の最も分解能が高い中心位置は中心窩と呼ばれ，その範囲は中心窩を中心に視角が 2° 程度である．

見たい部分の像がこの中心窩の部分にくるように，眼球が（自動的に）回転する．中心窩と眼球の回転中心（**眼球回旋点**という）を結ぶ直線を**視軸**と呼ぶ．視軸はレンズでの光軸に対応する．左右両眼の視軸は見たい物体上の一点（**注視点**と呼ぶ）で交差する．注視点の像を中心窩に結ばせるために，顔（首）の回転および眼球の回転を無意識で行っている．この様子を図（b）に示す．この視軸が交差することを**輻輳**と呼び，その交差角を**輻輳角**と呼ぶ．この輻輳角 α と眼から見たい物体上のある点（O）までの距離（L）までの距離の間には，次の関係式が成り立つ．

$$\alpha = 2\tan^{-1}\left(\frac{B}{2L}\right) \tag{9.1}$$

ここで，B は両目の間隔であり，成人で 60〜65 mm 程度である．すなわち，（両）眼のピントを合わせるまでの距離 L と輻輳角は常に連動して働く．

レンズの「開口絞り」に対応するものが虹彩である．その穴の部分が"瞳"である．虹彩の直径は外界の明るさによって 1〜7 mm 程度，自動的に変化する．このため，太陽が照りつける外でも夜の暗い場所でも，ふつうに見える．

水晶体の焦点距離が長くなり，眼が楽な状態は遠く（無限遠）を見る場合である．眼をつぶって寝ている場合もこの状態である．注視点が近いと水晶体（レンズ）の焦点距離を短くするように，水晶体を制御する筋肉が働く．

視力については，国際的に決められている．現在では**図 9.2** に示す**ランドルト環**と呼ばれるパターンの切れ目の方向が見える限界を眼から見込む角度を分（1°の 1/60）で表し，視力はその逆数として定義されている．例えば，1 分まで見える場合，その眼の視力は 1.0 であり，2 分の場合の視力は 0.5 である．

108　9. 結像光学機器

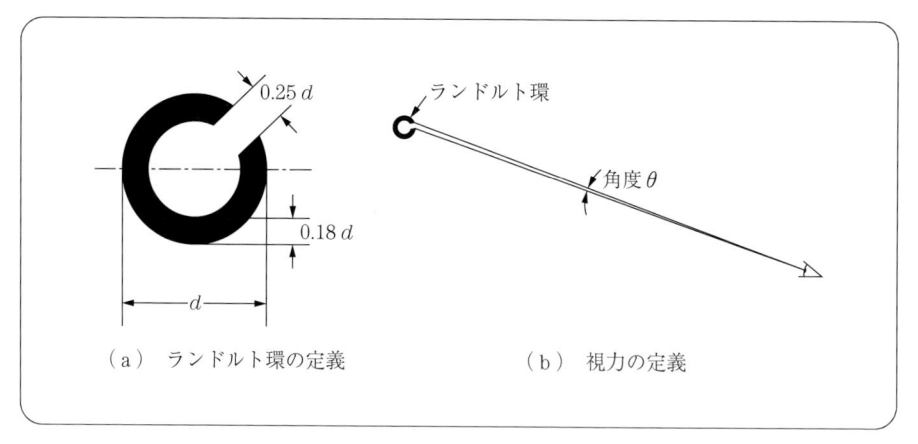

図9.2　ランドルト環と視力の定義を示す図

9.1.2　明視の距離

　小さいものあるいは細かいパターンを見たいときには，それらをできるだけ眼に近づけて見る．しかし近づけ過ぎると眼が痛くなり苦痛を感じる．苦痛を感じない最短距離は人それぞれで異なる．一般に，後述する近視気味の人はこの距離は短く，遠視気味の人は長い．それらの平均的な長さを**明視の距離**と呼び，その長さを 250 mm（25 cm）と世界共通の約束としている．この距離は 9.2 節および 9.3 節で述べる拡大鏡のところで定義する「視角倍率」で重要になる．

　正常な眼の場合には，遠くを見る場合には水晶体の調節がフリーな状態で網膜面に像を作り，近く（その代表として，明視の距離である 25 cm）を見る場合には，水晶体の調節が，（像）焦点距離を短くして，近い物体の像を，同じく網膜面に作るように（無意識に）働いている．

9.1.3　近視とその矯正

　近くのものはよく見えるが，数メートル以上離れた遠くのものはぼけてよく見えないような眼を，**近視**と呼ぶ．近年は，本を読んだりビデオゲームをやる時間が長いこともあり，近視の人が非常に増えている．近視とは，眼のレンズとしての（像）焦点が網膜面よりレンズ側にあり，遠くの外界（物体）の像が，網膜面でぼけて写るようになっている眼の特性を意味する．その様子を図 9.3(a)に示す．近くの物体を見る場合には，同図(b)に示すように，その像が網膜面にできるので，はっきり見える．

　近視の眼で遠くの物体がぼけずに見えるようにする（矯正の）ためには，（メガネ）レン

ズにより，遠くの物体の（虚）像を，近くに作ってやればよい．その矯正の様子を図(c)に示す．

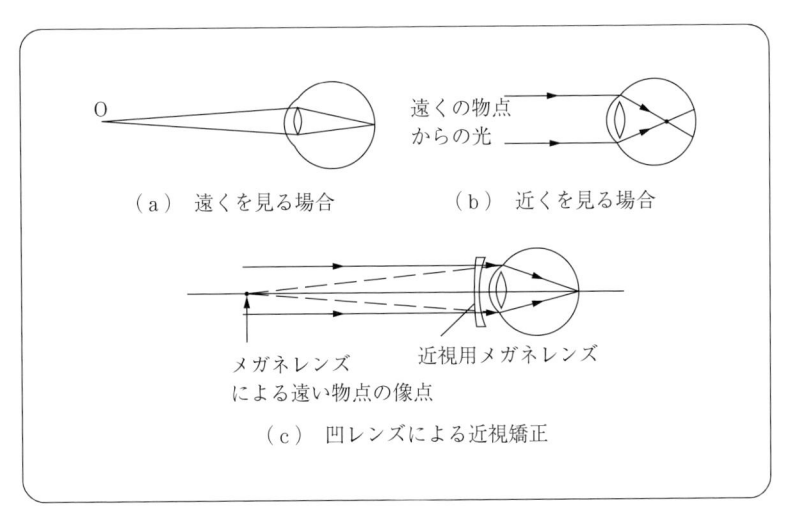

図9.3 近視とその矯正の様子

どの程度近くに虚像を作ればよいかは，近視の人がどの程度近くの物体なら，裸眼ではっきり見えるかによる．その眼からの距離を $s'(-)$ とすれば，無限に遠くの物体の像を s' の位置に作ればよいから，そのレンズの像焦点距離 f' は，次の関係式を満足すればよい．

$$\frac{1}{f'} = \frac{1}{s'} - \frac{1}{-\infty} \tag{9.2}$$

よって

$$f' = s' \ (-) \tag{9.3}$$

s' の符号はマイナスなので，f' の符号もマイナスであり，このレンズは凹レンズである．レンズの焦点距離をメートル単位で表し，その逆数を**ディオプタ**（diopter）という．コンタクトレンズの場合も基本的には同じである．

9.1.4 遠視とその矯正

遠視は近視とは逆で，遠くの物体ははっきり見えるが，近くの物体を見る場合にはそこまで水晶体の調節が働かず，その像が網膜面より後側（眼のレンズより離れる方向）にできて，ぼけて見える眼の特性の場合をいう．この様子を図9.4(a)，(b)に示す．

この矯正のためには，近い物体の（虚）像を無限に遠くに作ればよい．その矯正のために使うレンズについては，次の老眼の場合と同じであるので，そこで述べる．

110   9. 結像光学機器

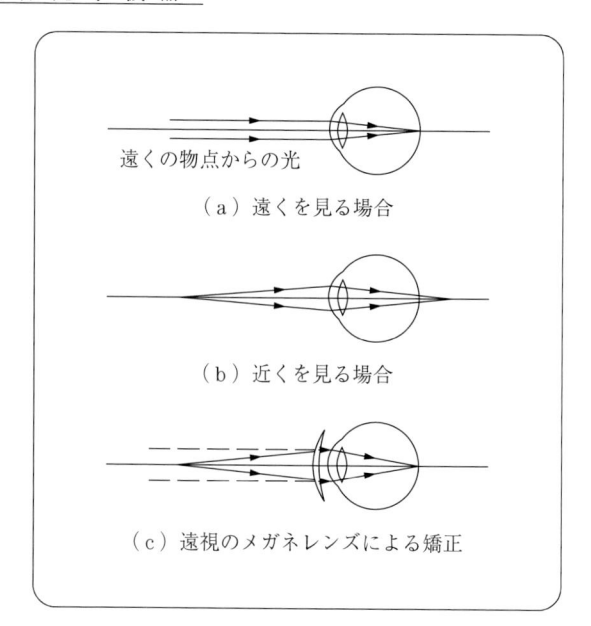

図9.4 遠視の眼の結像特性とそのメガネレンズによる矯正の様子

9.1.5 老眼とその矯正

　近視および遠視の場合には，矯正レンズを装着することにより，遠くを見るときも近くを見るときもはっきり見ることができるが，水晶体の調節が働かなくなり，固定焦点に近くなった場合を**老眼**という．すなわち，ある狭い範囲の距離にある物体だけははっきり見えるが，それより遠い物体もそれより近い物体もぼけて見づらくなる．その様子を**図9.5**(a)，(b)，(c)に示す．この範囲は人によってそれぞれ異なる．

　この場合の矯正は，近くを見る場合にのみ，その（虚）像を遠くにつくるメガネを装着すればよい．そのレンズの（像）焦点距離を f' とすれば

$$\frac{1}{f'} = \frac{1}{s'} - \frac{1}{s} \tag{9.4}$$

ここで，s はメガネレンズから見たい物体までの距離であり，s' は同じくメガネレンズからはっきり見える像までの距離である．s も s' も符号はマイナスであるが，その絶対値では，$|s|<|s'|$ であるから，f' の符号はプラスである．すなわち，遠視用あるいは老眼の補正を行うレンズは凸レンズである．

　遠視と老眼は似ているが，遠視はピント調節範囲は利くが，その範囲が遠くを見る側に寄っている場合であり，老眼はピント調節範囲が非常に狭くなった場合である．

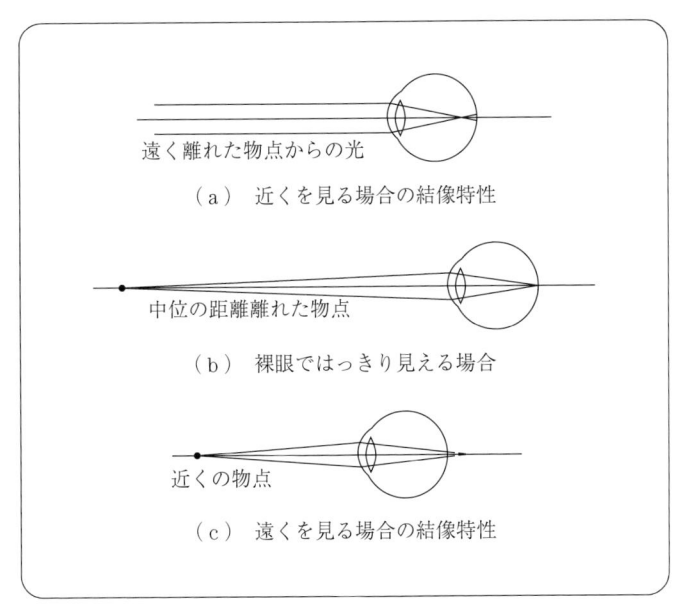

```
                遠く離れた物点からの光
                  （a） 近くを見る場合の結像特性

                中位の距離離れた物点
                  （b） 裸眼ではっきり見える場合

                近くの物点
                  （c） 遠くを見る場合の結像特性
```

図 9.5　老眼の眼の結像特性

9.2　微小物体を拡大して見る光学機器（肉眼視の光学機器1）

　肉眼視の光学機器とは，光学系により作られた（虚）像を眼で直接見るように配慮した結像光学機器を意味する．8.1節で述べたメガネあるいはコンタクトレンズはここに属する．他の代表的な肉眼視の光学機器としては，近くの小さいものを拡大して見る虫メガネや顕微鏡，遠くのものを拡大して見る望遠鏡や双眼鏡がある．それぞれについて簡単に述べる．

9.2.1　虫メガネ（ルーペ）

　虫メガネは，見たい小さいものの代表としての（小さい）虫からこの名がついたと思われる．虫メガネは，**ルーペ**（Lupe：ドイツ語）とも呼ばれる．小さいものを細かく見ようとすると，それを大きく見ればよいから，そのものを近づけて見る．その限界を9.1.2項で述べたように「明視の距離」と呼び，25 cm と約束している．もっと近づけて細かい部分を見たい場合に使われる簡単な光学機器が虫メガネである．その光学図を**図9.6**に示す．

112　　9. 結像光学機器

(a) 裸眼で明視の距離で見る場合

(b) 虫メガネで拡大された像を見る場合

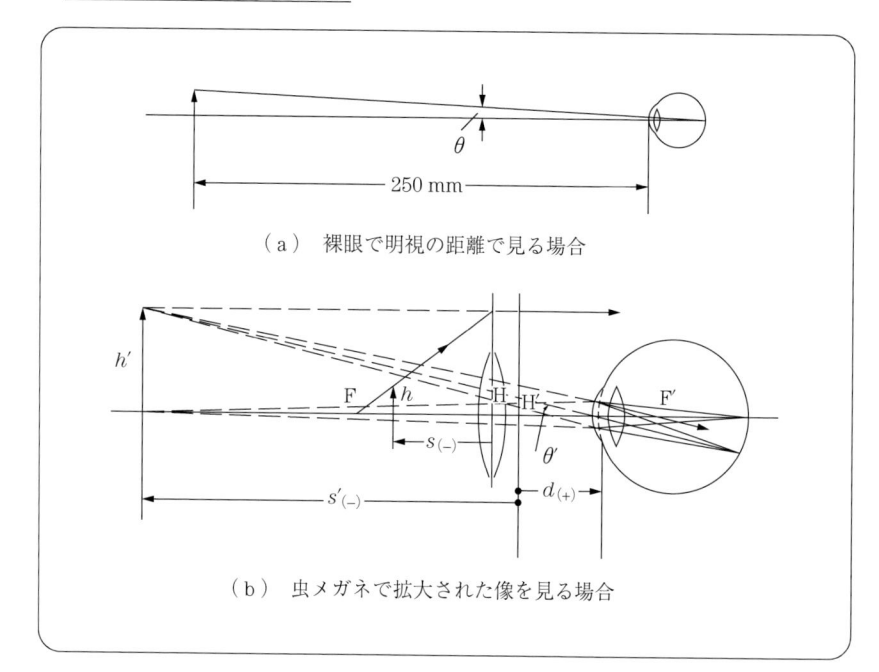

図 9.6 虫メガネによる拡大像を観察する基本を示す図

凸レンズの物体焦点 (F) よりレンズ側に小さいものを置くと, 4.5 節で述べたように, その虚像ができる. その虚像の横倍率は, 1 より大きい. この虚像を眼で見るので, 拡大された像が見える.

どの程度拡大されて見えるかは, 視角の大きさの比で定義する. 眼から (小さい) ものあるいはその像を見込む角度 (図(a)の θ) を**視角**と呼ぶ. 物そのものを直接見る場合の視角の定義を, 前述の「明視の距離」だけ離して見る場合と定義する. すなわち高さ "h (単位は mm)" のものを明視の距離だけ離して見る場合の視角 θ は

$$\theta = \frac{h}{250} \; [\mathrm{rad}] \tag{9.5}$$

虫メガネで拡大像を見る場合の視角がどうなるかを, 図(b)の場合について, 近軸結像の場合について計算する. 虫メガネの像焦点距離を f' とし, それぞれの長さおよび符号を同図に示すようにすると, 次式が成り立つ.

$$h' = \frac{f'}{s+f'} \times h \tag{9.6}$$

より

$$\theta' = \frac{f'}{(s+f')d - f's} \times h \; [\mathrm{rad}] \tag{9.7}$$

よって, 視角倍率 M_{angle} は

$$M_{angle} = \frac{\theta'}{\theta} = \frac{250 f'}{(s+f') d - f' s} \tag{9.8}$$

像を明視の距離だけ離れた位置で見るとすると

$$d - s' = 250 \tag{9.9}$$

より

$$\theta' = \frac{f'}{250 \times (s+f')} \times h \tag{9.10}$$

となり，そのときの視角倍率は

$$M_{angle} = \frac{f'}{s+f'} \tag{9.11}$$

となる．

この拡大像を無限遠に作る場合は，物体を物体焦点（F）面に置けばよいから，式(9.8)で，$s = -f'$ と置くと，その場合の視角倍率は，式(9.8)より

$$M_{angle} = \frac{250}{f'} \tag{9.12}$$

となり，視角倍率に"d"は含まれなくなる．一般には式を簡単にするために，像を無限遠に作る場合の視角倍率が用いられる．

ここで定義した視角倍率 M_{angle} は，「視角」を省略して単に「倍率」と呼ばれることが多いが，（横）倍率とは定義が異なるので，本書では，混乱を避けるため，明確に区別して**視角倍率**と呼ぶことにする．いずれにしても視角倍率の定義には，「明視の距離（250 mm）」が基本になって定義されることを注意しておく．

9.2.2 顕微鏡

小さいものを更に拡大して観察する光学機器が顕微鏡である．虫メガネは簡単な凸レンズであり，眼の直前に置いて見るのに対して，顕微鏡は複雑な構成になっている．その基本的な構成および結像関係を**図 9.7** に示す．

顕微鏡は，図に示すように，2種類のレンズセットから構成され，それぞれのレンズの光軸は一致させる．物体側に近い（組）レンズを**対物レンズ**（objective）と呼び，眼に近い（組）レンズを**接眼レンズ**（eye piece）と呼ぶ．この図では，基本的な説明のために，対物レンズおよび接眼レンズの主点(H_o, H_e)はそれぞれ一致させている（実際には収差を小さくするため，それぞれのレンズは複数枚の単レンズの組合せで構成されており，主点も離れて

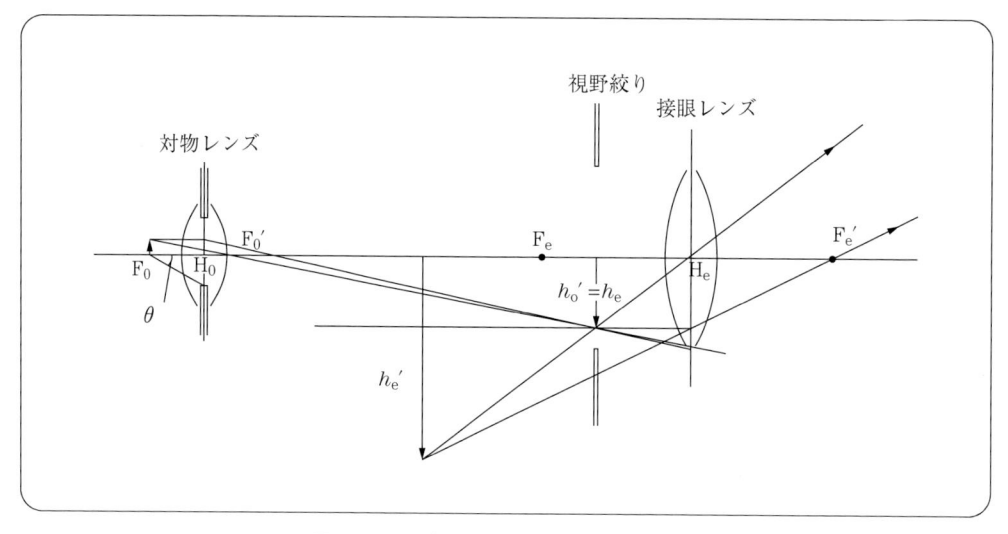

図 9.7 顕微鏡の基本的な構成と結像関係

いる).

　接眼レンズの働きは基本的には，9.2.1項で述べた虫メガネと同じ働きである．対物レンズで小さい物体の拡大実像を作り，その像を接眼レンズで更に拡大して，大きい倍率で見る構成になっている．この図ではわかりやすく見せるために，物体をある程度大きく描いているので，接眼レンズの口径を大きく描いている．

　対物レンズによる横倍率を $M_{o,lateral}$，接眼レンズの視角倍率を $M_{e,angle}$ とすると，物体から虚像までの最終的な視角倍率 $M_{total,angle}$ は，次式で与えられる．

$$M_{total,angle} = M_{o,lateral} \times M_{e,angle} \tag{9.13}$$

　普通の顕微鏡では，対物レンズおよび接眼レンズは簡単に交換できるようになっており，個々のレンズに"10×"のように倍率が書かれている．使っているそれぞれのレンズの倍率の積が顕微鏡の（総合）倍率になる．例えば，対物レンズの横倍率が10倍，接眼レンズの視角倍率が5倍の顕微鏡の（視角）倍率は50倍である．

　顕微鏡では対物レンズによる実像面に光軸に垂直に円形の視野絞りが置かれ，像として見える範囲を制限している．顕微鏡は非常に小さい物体（数十 μm あるいは数 μm の大きさの生物細胞など）を見るために使われることが多く，そのために最初は低倍率の対物レンズで見たい微小物体を視野内のできるだけ真ん中に置き，その後倍率が大きい対物レンズに変えていくことにより，見たい微小物体を視野内に納まるようにしていく．そのために簡単に対物レンズが交換できるようにするために，レボルバに複数の対物レンズをつけて置き，ワンタッチで対物レンズを交換できるようにしている．

光学顕微鏡でどの程度細かいところまで見えるかを示す用語は**解像力**（解像度あるいは分解能ともいわれる）と呼ばれる．その（解像）限界は，収差が無視できる程度に小さい場合，光の回折現象によるぼけの大きさで制限される．解像対物レンズの**開口数**（numerical aperture，略して NA）で決まる．NA は次式で定義される．

$$\mathrm{NA} = n \times \sin\theta \tag{9.14}$$

この式で，n は物体が存在する空間（**物体空間**という）の媒質の屈折率であり，θ は，図 9.7 に示すように，物点からの光が顕微鏡対物レンズに入る最大半角である．

分解できる最小間隔 "ε" は，ある定義では，次式で与えられる（この式の導出は本書の範囲を超えるので示さない）．

$$\varepsilon = \frac{0.61\lambda}{\mathrm{NA}} \tag{9.15}$$

この式で，λ は物体を照明する光の波長である．

以下は肉眼視の光学機器ではないが，顕微鏡とは逆に大きい物体（**フォトマスク**あるいはレチクルと呼ばれる）を縮小して電子回路の一種である IC (integrated circuit) や LSI (large scale integrated circuit) を製造するための回路パターンをシリコン基板に光で焼き付けるステッパあるいは**アライナ**と呼ばれる装置がある．この装置については 9.4 節で述べる．この装置はパソコンや携帯電話をはじめとする現在の IT (information technology) の世界を支える電子デバイス作成に不可欠の装置であるが，どの程度細かいパターンが焼き付けられるかの限界は，同じ式(9.15)とほぼ同じ式で制限される．また，CD や DVD などの光ディスクがどの程度小さい穴（ピットと呼ばれる）を細かく読み書きできるかも，同じ式(9.15)で与えられる．

9.3 遠方拡大鏡（肉眼視の光学機器 2）

遠方を拡大して見るための肉眼視光学機器には，（天体）望遠鏡，双眼鏡，オペラグラスがある．対物レンズで見たい物体の像を作り，その像を接眼レンズで拡大して見る構成は，顕微鏡と同じである．しかし望遠鏡の場合には顕微鏡とは異なり，物体は遠くにあるため，物体上の一点からの光は平行光とみなせるため，接眼レンズによって無限遠に像を作る場合は接眼レンズからはその光は同じく平行光として射出する．このよう

な光学系は**アフォーカル**（a-focal；焦点がないという意味）**光学系**と呼ばれる．

9.3.1 オペラグラス

オペラグラスは，最も簡単な構成の遠方拡大鏡である．その光学構成と基本的結像の様子を図9.8に示す．この図で物体は非常に遠くにあるので，物体上の一点からの光線束は光軸とθの角度（θ_1）をなす平行光線束として描いている．まず，対物レンズである凸レンズで遠くの物体の実像を作る．その実像面より手前に凹レンズである接眼レンズを置くことにより，像の方向をθ_2に拡大して見る構成になっている．

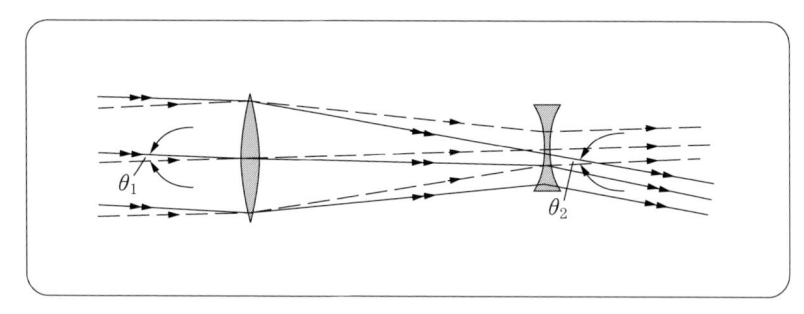

図9.8　オペラグラスの光学構成とその基本的結像の様子

観察される像が水平・垂直方向に逆転しないので，地上の物体を拡大して見る場合に使われる．ただし，この構成では視野が狭く，また大きい視角倍率を得ることができない．また視野絞りを置けないのも欠点である．ただし，重さを軽く，またコンパクトに作ることができるので，この光学系を左右両目で見えるようにした構成でオペラを遠くの席から見るために使われたので，この名がある．

このタイプの望遠鏡の（全体を通しての）視角倍率$M_{total,angle}$は，像を無限遠に作る定義の場合，次式で与えられる．

$$M_{total,angle} = -\frac{f_o'}{f_{eye}'} \tag{9.16}$$

ここで，f_o'は対物レンズ（凸レンズ）の像焦点距離（正）であり，f_e'は接眼レンズ（凹レンズ）の像焦点距離（負）である．よって視角倍率は正であり，正立像が観察される．

9.3.2 ケプラー式望遠鏡，双眼鏡

ケプラー式望遠鏡の光学系を図9.9に示す．対物レンズ接眼レンズともに凸レンズで構成されている．

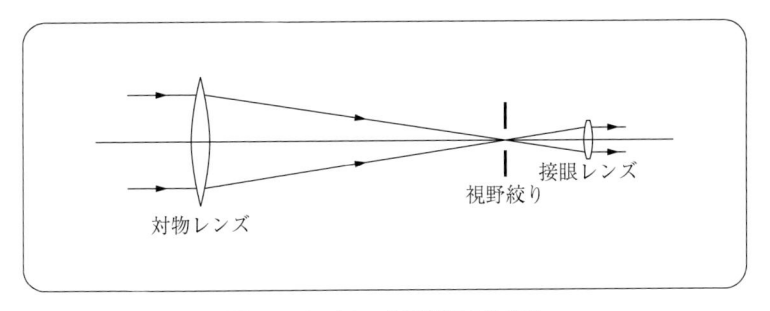

図 9.9 ケプラー式望遠鏡の光学系

　この場合の視角倍率 $M_{total,angle}$ も，ガリレオ式望遠鏡と同じ式 (9.16) で与えられる．ただしこの場合は，接眼レンズの像焦点距離が正であるために，視角倍率が負となり，左右および上下に反転した像が観察される．この現象は，星を観測する天体望遠鏡の場合には問題にならないが，地上のものを観察の場合，人が普段直接見ている景色などとは異なり，普通の感覚とは合わず不自然である．

　この像を左右上下方向に再度反転させるために，対物レンズと接眼レンズの間に複数のプリズムを合わせたポロプリズムあるいはダハプリズムが挿入される．ケプラー式望遠鏡を2個並べて固定した大型双眼鏡の場合，二つの対物レンズの間隔と接眼レンズの間隔（これは両目の間隔にしている）が異なっている一つの理由である．

　これまでに述べた結像光学系では，光学系によって作った虚像を直接人の眼で見るので，**肉眼視の光学機器**と呼ばれる．顕微鏡やケプラー式望遠鏡では，対物レンズ（の射出瞳）面の接眼レンズによる実像面に観察する眼の入射瞳面を置くように設計・製作されている．その瞳の位置を**アイポイント**（eye point）という．これについては，p.119の談話室で述べることにする．

9.3.3 天体望遠鏡

　星を見ることに特化した望遠鏡は**天体望遠鏡**と呼ばれる．地上を見る望遠鏡と異なる点は，前述のこと（像の左右上下の反転）以外に次のことがある．

（1）遠くにあり，したがって小さく見える星を見ることが目的であるので，（視角）倍率を大きくしたい．

（2）非常に遠くにあり，したがって暗い星を見ることが目的であるので，星からの微弱な光の像を（明るく）作る必要がある．

（3）見たい星を視野の真ん中へ持ってくるので，視野は小さくてよい（ある程度の視野を持ち，見たい星を望遠鏡の視野の真ん中に調整するためのケプラー式補助望遠鏡を

併設している望遠鏡もある）．
（4） 望遠鏡による星の像を直接肉眼で見るのと同時にその星の写真を撮ることができるように作られている．
（5） 水平線近くに見える星を見たい場合もあり，また天頂（真上）にある星を見たい場合もある（地上から見ていると，時刻によって移動していく）．
（6） アマチュア用とプロ用（いわゆる天文台に設置される望遠鏡）とがあり，その構成が大きく異なる部分もある．

前記（1）および（2）のために，対物レンズの（像）焦点距離を長く，また有効径を大きくすることが不可欠になる．そのようなレンズの製作は大変であるため，現在では対物鏡としては，レンズの代わりに凹面ミラーが使われる．このミラーは**主鏡**，またこのような望遠鏡は**反射型望遠鏡**と呼ばれる．その代表的な光学系の一つを**図9.10**に示す．このような結像光学系は一般に**カセグレイン光学系**と呼ばれる．

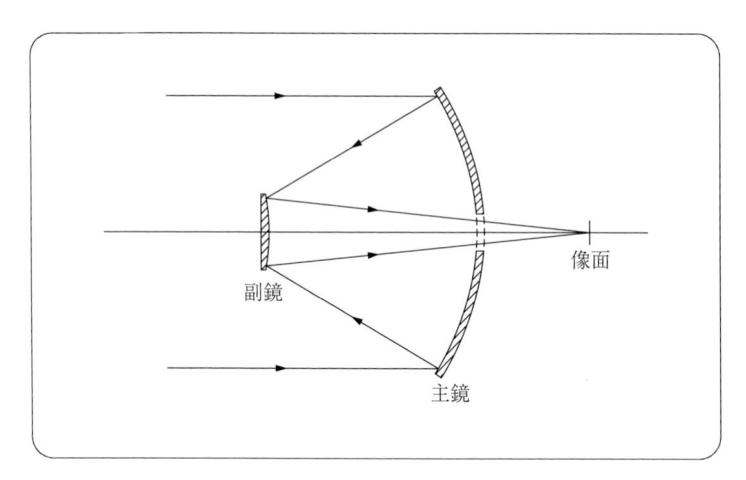

図9.10 天体望遠鏡に多く使われるカセグレイン光学系

この光学系は，望遠鏡光学系の全長を短くするためでもある．天文台に設置される望遠鏡では，途中の光路を切り換えることによって複数の像面（光学系全体としての像焦点面で，そこに撮像素子や分光器などを置く）を持つ構成のものもある．

収差がない理想的な望遠鏡の角度分解能 $\Delta\theta$ は次式で与えられる．

$$\Delta\theta = 1.22 \times \frac{\lambda}{D_o} \tag{9.17}$$

ここで，λ は想定している光の波長であり，D_o は対物鏡の有効径である．この分解能は顕微鏡と同じく，光の回折現象で制限される．見たい星からのより多くの光を集めることもあり，特に天文台の望遠鏡では対物鏡の口径を大きくする努力がなされている．現在，1枚ミラーの最大主鏡は，日本の国立天文台がハワイ島のマウナケア山頂（標高 4 206 m）に設

置した「すばる望遠鏡」であり，その主鏡の直径は 8.2 m である．例えば，波長が 0.5 μm の光の場合には，角度分解能は 7.44×10^{-8} [rad]（約 1.5×10^{-2} s）となる．

しかし，実際はこれほど高い分解能は得られない．その理由の一つは大気の温度むらである．大気中の空気に温度むらがあるために星からの光線の方向が時間的に変化している（肉眼で星を見たとき，まばたいて見えるのはこのためである）．この現象は**シーイング**（seeing）と呼ばれる．晴天が多い日の割合が大きいことはもちろんであるが，このシーイングがよいことも天体望遠鏡設置場所の重要な条件であり，すばる望遠鏡はこのような条件がよい場所として上記場所が選ばれた．

上記天気およびシーイングの影響をまったく受けない天体望遠鏡として，真空の宇宙空間に置かれている**宇宙望遠鏡**（space telescope）がある．これは功績の大きい天文学者の名を冠して，**ハッブル望遠鏡**と呼ばれている．ちなみに，この望遠鏡の主鏡の有効直径は約 2.2 m である．

☕ 談 話 室 ☕

アイポイント，アイリング，アイレリーフ　肉眼視の結像光学系のケプラー式望遠鏡（双眼鏡）や顕微鏡では，光学系の適切な位置に眼（の瞳）を置かないと，視野全体の像が見えない．この「適切な位置」を**アイポイント**（eye point）という．

ケプラー式望遠鏡（双眼鏡）の場合を例にとり説明する．接眼レンズの働きの一つは対物レンズによって生じた実像を更に拡大する虫メガネの働きであるが，もう一つの働きとして，その像を形成する光を効率よく観察者の眼の中に導くことがある．

そのために，望遠鏡（あるいは顕微鏡）の接眼レンズは最低 2 組構成のレンズからできている．入射光側のレンズはほぼ対物レンズの像面に置かれ，光を次のレンズに導く働きを持たせる．このレンズは**視野レンズ**（field lens）と呼ばれ，結像には寄与しない．その後に置かれるレンズが虫メガネの働きを担う．この様子を**図 9.11** に示す．

それと同時にこの 2 組みのレンズで，対物レンズの開口絞り（ほとんどの場合，対物レンズの口径）の実像（**アイリング**（eye ring）と呼ぶ）を適切な位置に作る．このアイリングは円形でその直径は，対物レンズ面を物体とみなした接眼レンズの結像関係の横倍率で決まる．眼の入射瞳径は観察される像の明るさによって（自動的に）2～7 mmφ に変化する．変化しても望遠鏡による拡大像全体が見えるように，アイリングの直径は 5～7 mm 程度になるように作られている．この様子を**図 9.12** に示す．

このアイリングの位置・大きさは望遠鏡（双眼鏡）を明るい空に向け，少し離れた後方から接眼レンズ近傍を見れば，確認することができる．そしてこの位置に観察者の眼の（入射）瞳を置くことにより，視野全体が見える．接眼レンズの後側のレンズからア

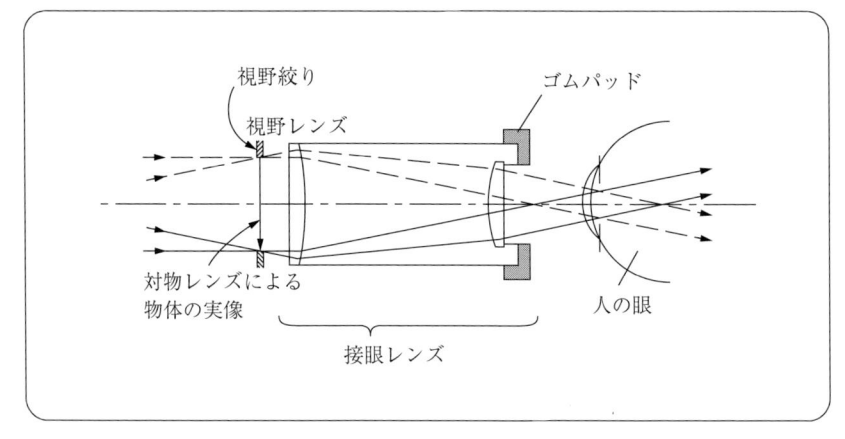

図9.11 ケプラー式望遠鏡の接眼レンズ部の断面形状と光の振舞いの様子（実際より角度を拡大して描いている）

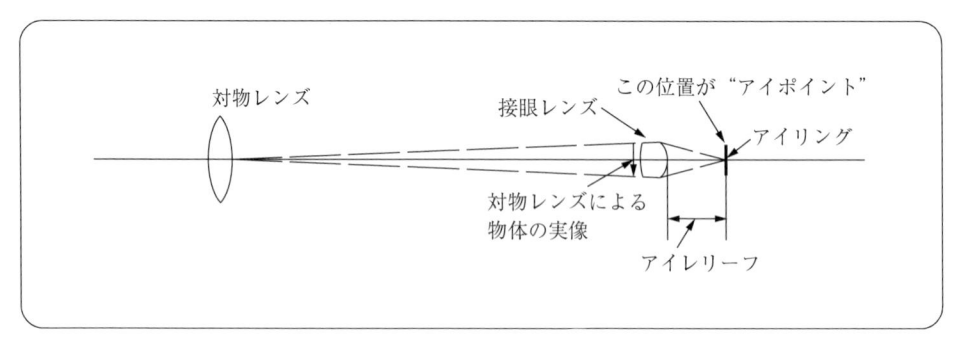

図9.12 ケプラー式望遠鏡全体の様子．この図では，接眼レンズを1枚のレンズとして描いている．また，アイリングほかがわかりやすいように，その部分を少し大きく描いている．

イポイントまでの長さを**アイレリーフ**（eye relief）と呼ぶ．

　望遠鏡による拡大像全体が見えるためには，この空中にできるアイリングに観察者は眼の（入射）瞳を置くことが必要である．そのために接眼レンズの周辺にゴムパッドを付け，そのパッドに眼をくっつければちょうどそれが実現されるように，アイレリーフは普通7mm程度に作られている．メガネをつけたままで観察する場合には，このアイレリーフを少し長くした接眼レンズが適している．このような接眼レンズは**ハイアイポイント**と呼ばれる．

　顕微鏡の場合のアイレリーフも基本的には望遠鏡と同じであるが，顕微鏡対物レンズの射出瞳は小さいが，アイリングの直径が数mmになるように，接眼レンズが工夫されている．

9.4　撮像光学機器

　最も多く使われている結像光学系を含む光学機器である．この光学機器の基本はある面に実像をつくり，その面に写真フィルムまたは撮像素子を置き，その実像を化学的にあるいは電子的に記録する（露光するという）ことである．ここでは，それぞれの撮像機器について重要な結像レンズの項目について，簡単に述べる．

9.4.1　（デジタル）カメラ，ビデオカメラ

　ビデオを含むカメラの主要構成部品の一つが撮像レンズであり，記録するフィルムやイメージセンサとともに像質を左右する．まず，このレンズのレンズパラメータについて述べる．最近の流れとしては，ビデオカメラも含めて，デジタル化が急激に進んでいること，携帯（電話）にもデジタルカメラが付き，簡単に写真が撮れるようになりつつあることである．

　〔1〕　**レンズの焦点距離と画角**　　画角については5.2節で述べたが，撮像光学機器として，改めて述べる．

　携帯（電話）に付いているデジタルカメラには記されていないが，フィルムカメラを含む大部分のカメラには，使われている撮像レンズの（像）焦点距離と〔2〕項で述べるFナンバーが，50 mm・F2.0のように記されている．最初のmm単位の数値がそのレンズの（像）焦点距離であり，その次のF2.0の数値がFナンバーである．

　カメラは大きくスチル（still）カメラとビデオカメラに分類されるが，撮像レンズそのものは基本的には同じである．近年では両方に使える製品も販売されている．撮像レンズで重要なパラメータは画角である．画角は画面サイズ（普通は矩形）のかど（角）とそのレンズの像主点を結ぶ直線が光軸となす角度を意味する．この種のレンズは，レンズの（像）焦点距離に比べて被写体までの距離（の絶対値）が大きいので，ある物点からそのレンズに入射する光線束は平行光と仮定してよい．収差も第一義的にはその場合について考察し，設計，製作される．この様子を図9.13に示す．

　写真フィルムの画面サイズは数種類に規格化されている．最も一般に使われている画面サイズは35 mmサイズと呼ばれている画面サイズで，大部分の普及カメラで採用されてい

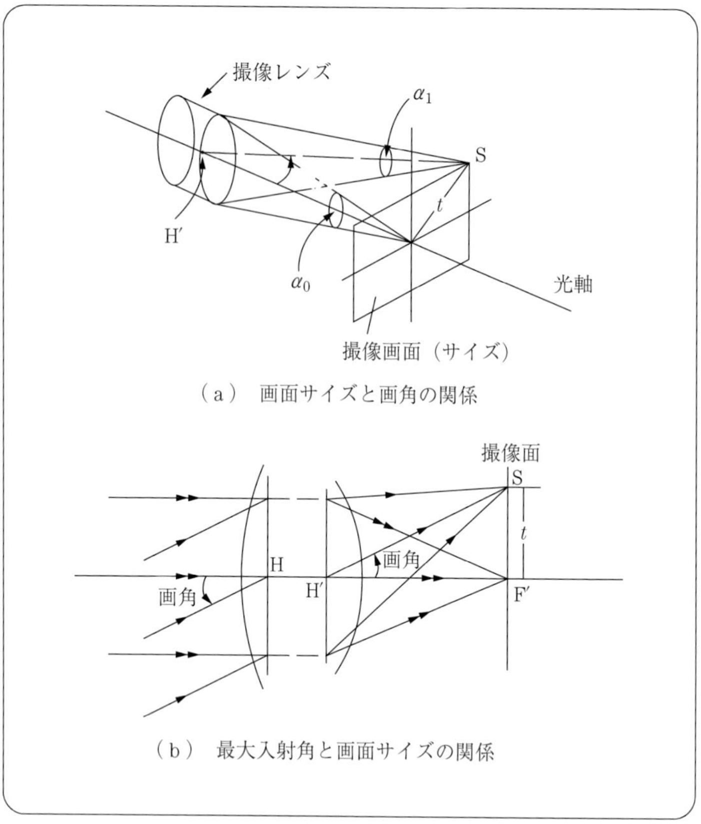

図 9.13 画面サイズと画角の関係および入射角と画面サイズの関係を示す図．図(a)の α_0, α_1 は立体角を示し，$\alpha_0 > \alpha_1$ である．

る．この長巻写真フィルムの幅が 35 mm であるので，このように呼ばれている．この画面サイズは 36 mm（長手方向）×24 mm（幅方向）対角線の 1/2 の長さは 21.63 mm である．この規格を提案した会社名で「ライカサイズ」とも呼ばれている．幅方向が 24 mm であるのは，フィルムを送るための穴（**パーフォレーション**という）を両側に付けているために全体のフィルム幅よりも 9 mm 狭くしてある．

APS サイズと呼ばれている 30.2 mm×16.7 mm のライカサイズより一回り小さい規格のフィルム，ほかにプロユースとして，**ブローニーサイズ**と呼ばれる記録範囲の幅が 60 mm のフィルム（画面サイズは，45 mm×60 mm，60 mm×60 mm，60 mm×90 mm）もある．

最近普及が著しいデジタル（スチル）カメラでは，イメージセンサとして，CCD あるいは CMOS が使われている．これらの半導体デバイスは受光面積が小さいほど製造効率が高く，また作りやすいので，対角 1/8 インチとフィルムに比べて非常に小さい画面サイズのデジタルカメラも市販されている．小さい面積のイメージセンサで同じ画角を得る場合はそのレンズの焦点距離は短くなり，次に述べる F ナンバーも同じ値にする場合もレンズの有効

径は小さくなるので，コンパクトなカメラが実現される．携帯（電話）にデジタルカメラを組み込むことができているのもこの理由による．

　画角が広いと撮像される被写界（物体空間）の広い角度範囲の像を記録できるので，この画角が20～30°ぐらいのレンズを標準型，30°以上のレンズを広角型（ワイド型），20°以下のレンズを望遠型と呼ばれている．

　〔2〕**像の明るさ，Fナンバー**　　写真フィルムの感度およびCCD等に代表される半導体イメージセンサの高感度化により，以前ほど重要でなくなりつつあるが，シャッタ速度を短くして撮りたい動体撮影などではやはり明るい像が得られる撮像レンズは重要である．感度とは撮像面での単位面積にどれだけの光エネルギー（輝度）があれば反応するかの目安を示す数値であり，現在ではISO感度で示される．

　大部分の結像レンズには開口絞りが組み込まれている．その役割は，5.3節で述べたように，像の明るさや被写界深度を調節するためである．

　像の明るさを示すパラメータがFナンバーである．開放Fナンバー（$F^{\#}$と記す場合もある）の定義は，（像）焦点距離をその撮像レンズの最大入射瞳の直径で割った値であり，そのレンズで得られる像の明るさの最大値を示すパラメータである．すなわち，次式で定義される．

$$F^{\#} = \frac{f'}{D_{ent}} \tag{9.18}$$

そのイメージを図 **9.14** に示す．

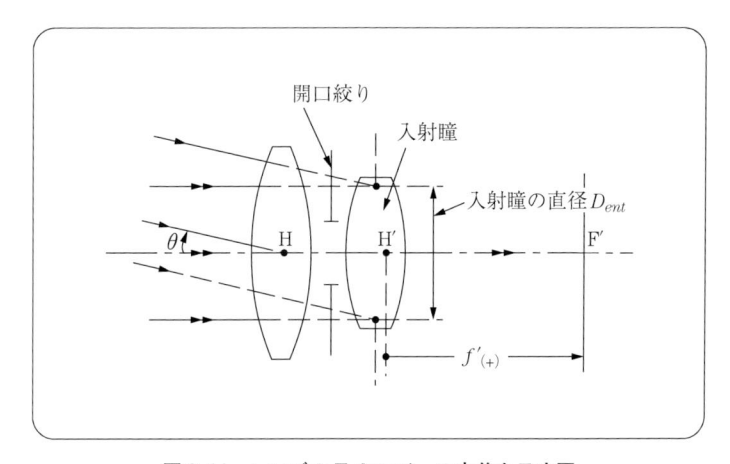

図9.14　レンズのFナンバーの定義を示す図

　撮像レンズは開口絞りの直径の大きさ，すなわちFナンバーを調節できるように作られている．像の明るさはこのFナンバーの2乗に反比例する．マニュアルでこのFナンバーを調節できるレンズでは，1段絞るごとに像の明るさが半分になるように，Fナンバーの値

が2を整数として採用し，明るい側では$2^{1/2}=1.4$，$2^{1/4}=1.2$，暗い側では，$2^{3/2}=2.8$，$2^{4/2}=4$，$2^{5/2}=5.6$，$2^{6/2}=8$，$2^{7/2}=11$，$2^{8/2}=16$，…の数値が刻まれている．

物体が平面で均一な明るさだと仮定すると，光軸近傍での像の明るさは像面内で最も明るくFナンバーで記述されるが，光軸から離れるに従って像面での明るさは小さくなる．像面上のある位置での明るさは，その位置とその結像レンズの射出瞳の中心を結ぶ直線が光軸と交わる角度をθとすると，中心部に比べて$\cos^4\theta$の明るさに小さくなる．その理由はここでは述べない．この現象を**コサイン4乗則**という（図9.13(a)参照）．

この開口絞りの直径を変えることによって，被写界深度およびピントが外れた物体のぼけの大きさを変えることができる．被写界深度については，7.4節で詳しく述べているので，そちらを参照されたい．

〔3〕 **撮像光学機器の動向**　画面サイズおよび焦点距離が決まると画角が決まるので，その範囲内で収差が全体として小さくなるように設計，製作される．撮像レンズは回転対称の構成であるので，その結像特性も回転対称であり，必要な画角に対して収差補正がなされる．

最近では
（1）　光学ガラスの種類が増えたこと
（2）　非球面形状のレンズが使えるようになったこと
（3）　コンピュータの性能向上に伴ってレンズ設計（ソフト）が高度になったこと
（4）　レンズ表面の反射防止膜の性能が向上したこと

等により，設計の自由度が増え，近年ではスチルカメラの撮像レンズも，焦点距離をある範囲内で連続的に変えられるズームレンズが多くなってきている（以前からビデオカメラ用のレンズでは多く使われていた）．

9.4.2　焼付け機

〔1〕 **引伸し機**　2000年以降は急激にデジタルカメラが普及してきたが，それまでは写真フィルムに写したネガフィルムを印画紙に拡大焼付けをしていた．そのときに使われる結像光学機器が引伸し機である．

〔2〕 **半導体焼付け用結像光学機器**（ステッパ，アライナ）　現在のIT技術の一つであるIC，LSIを製造するために使われている結像光学機器はステッパあるいはアライナと呼ばれている．最高性能の結像システムである．これは**マスク**または**レチクルパターン**と呼ばれる5倍あるいは10倍の回路パターンを縮小し，シリコン基板に焼き付ける装置である．インテル社のペンティアムシリーズのCPUもこの装置で製造されている．少し古いが，そ

の回路パターンの焼付けに使われた結像レンズの一例の写真（モックアップ）を図 **9.15**（a）に示す．この例とは異なるが，最近のステッパ用レンズの構成例（設計例）を同図（b）に示す．

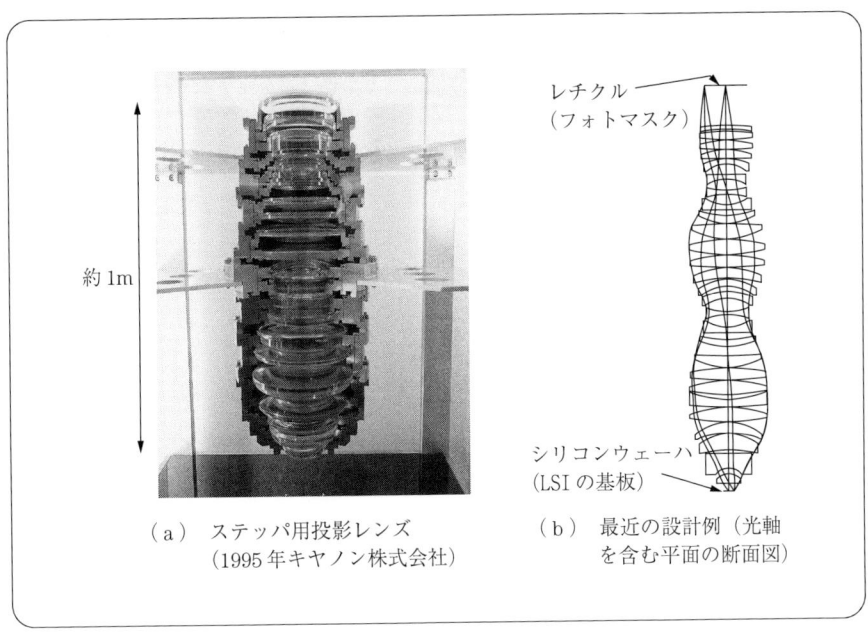

図 9.15　LSI 焼付け用結像レンズの例

9.5　投影光学機器

9.5.1　投影レンズ系

　大きいスクリーンに像を拡大して結像させる結像光学機器である．具体的には，スライドプロジェクタ，映画館で使われている映写機，OHP（over head projector），コンピュータ画面プロジェクタ，大型スクリーンテレビプロジェクタなどがある．

　最近では，フラットパネルディスプレイと呼ばれる大型の液晶やプラズマディスプレイパネル等の大画面テレビが市販されているが，せいぜい対角 80 インチ（約 200 cm）であり，これより大型のディスプレイは小さい像を拡大して見せるプロジェクションテレビになる．これから少しずつ売れると予想されるホームシアタでは多く使われると思われる．これに

は，反射型のスクリーン（これが一般的）を使うフロントプロジェクション型と透過型拡散スクリーンを用いるリアプロジェクション型とがある．投影距離を短くして大きいスクリーンに大きい像を投影するために，いろいろと工夫された投影光学系が開発されている．

9.5.2 結像光学機器における照明光学系について

9.5.1項で述べた投影結像光学機器では，光源を含む照明光学系が不可欠である．そのほか，顕微鏡やステッパ等の結像光学機器でも照明光学系は不可欠である．照明光学系では

（1） 物体（スライドフィルム，小さい液晶パネル等）を均一な明るさで照明すること．
（2） 光源から出る光を結像に有効に使い，できるだけ明るい像をスクリーン面に作ること．

このために，一般には，図 9.16 に示すような照明光学系が用いられる．将来的には LED がこれらの照明に使われる可能性がある．

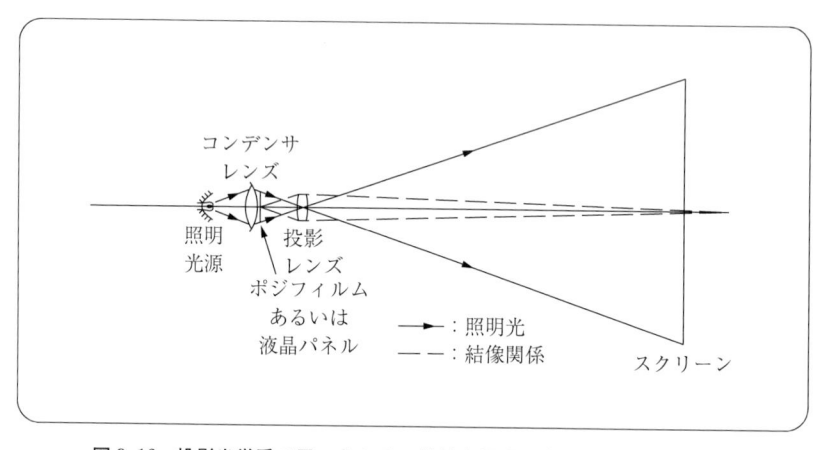

図 9.16 投影光学系で用いられる一般的な照明光学系（ケーラー照明）

細かい結像性能についていうと，照明の仕方および光源の性質に影響を受ける．最高の結像性能が要求される顕微鏡や LSI 製造に用いられるステッパでは，これらの点を考慮して照明される．これらについては専門的な知識が必要であり，この本の範囲を超えるので，これ以上については，巻末に挙げる引用・参考文献を見てほしい．

本章のまとめ

❶ ヒトの眼は結像光学機器とみなせる．視力の単位はランドルト環の透き間が正しい方向に見える限界を，その透き間の幅を観察位置から見込む角度を分（$1°/60$）の

単位で表したものの逆数で定義している.

❷ メガネ, コンタクトレンズ, 望遠鏡 (双眼鏡), 虫メガネ (ルーペ), 顕微鏡など, 眼に近づけて見る補助光学機器は, **肉眼視の光学機器**と呼ばれる.

❸ 肉眼視の光学機器では,「視角倍率」が重要である.

❹ 肉眼視の光学機器である双眼鏡, 顕微鏡で視野全体を見るためには, 観察する眼の (入射) 瞳位置を, アイポイントに置かなければならない.

❺ 撮像光学機器 ((ビデオ) カメラ) レンズで作られる像の明るさは, Fナンバーで表される.

❻ Fナンバーとは, レンズの, (像) 焦点距離/入射瞳の直径で定義され, Fナンバーが $\sqrt{2}$ ずつ大きくなると, 像の明るさが半分になる.

❼ 現在のIT技術を支える半導体製造では, 性能限界の結像光学性能が駆使されている.

❽ 投影光学機器 (プロジェクタ) や顕微鏡では, 光源から放射される光を効率よく像面に導く照明光学系が重要である.

●理解度の確認●

問 9.1 接眼レンズの視角倍率 (M_{angle}) が5倍であるとき, そのレンズの像焦点距離 (f') は何mmか.

問 9.2 対物レンズの像焦点距離が+500 mm, 接眼レンズの視角倍率が10倍のケプラー式望遠鏡の総合視角倍率はいくらか.

問 9.3 問 9.2のケプラー式望遠鏡の位置から肉眼で見ると視角が0.1°の非常に遠くにある物体の像を接眼レンズの後側に置かれた像焦点距離が+100 mmのカメラで写すとする. その場合, 撮像面 (写真フィルム面あるいはイメージセンサ面) での物体の像の大きさはいくらか.

問 9.4 対物レンズの倍率が40倍, 接眼レンズの視角倍率が10倍の顕微鏡の総合視角倍率はいくらか.

問 9.5 問 9.4の顕微鏡で15 μmの物体を, 接眼レンズの後側に置かれた像焦点距離が+80 mmのカメラで写すと, その物体は何mmの大きさで写るか. ただし, すべての問題で, 接眼レンズによる像は無限遠に作るとする.

付　　録

1. 光が電磁波の一種であることが発見された歴史

表 A1.1　電磁波と光の現象の発見の簡単な歴史表

西暦年	電波・電磁波の（性質の）エポックな発見・発明	光の（性質の）エポックな発見・発明
紀元前		聖書「まず光ありき」
1600年代後半		ホイエンス（C. Huygens；1629〜1695）は ① 光の「波動説」を唱えた． ② 光を伝える媒質として，エーテル（ether）の存在を提唱した． ③ 「2次波による波動の伝搬」（回折現象）を説明した．
1675		レーマー（O. C. Remer；1644〜1710）は，木星の衛星の蝕の時間の変化から光の速度を予測した．その値は 2.2×10^8 m/s であった．
1700頃		ニュートン（I. Newton；1642〜1727）は光の「粒子説」を唱えた．
1770頃	ガルヴァーニ（L. Galvani；1739〜1798）による電池の発明	
1789	クーロン（C. A. Coulomb）の「クーロンの法則」の確立	
1799から	ヴォルタ（A. G. A. A. Volta；1745〜1827）が電池を発明し，一定の電流が流せる道具が実現されたことにより，"電気"の研究が欧米で多く行われるきっかけとなった．	
1800		ヤング（T. Young；1773〜1829）による二重スリットによる干渉の実験により ① 光は波である． ② 赤色の光の波長は青色の光の波長より長い． ③ （可視）光の波長は，空気中で約 $0.5\,\mu\mathrm{m}$ である． ことを証明した．
1800頃		ハーシェル（F. W. Herschel；1738〜1822）が赤外線の熱作用を発見した．
1800頃		リッター（J. W. Ritter；1776〜1810）は，紫外線に塩化銀を黒変させる作用があることを発見した．

表 A1.1 (つづき)

西暦年	電波・電磁波の（性質の）エポックな発見・発明	光の（性質の）エポックな発見・発明
1815		フラウンホーファー（J. Fraunhofer；1787〜1826）は，太陽のスペクトルに見られる多くの暗線の波長を回折格子を用いて正確に測定し，その中のある波長の光はろうそくの炎のスペクトルに見られる輝線と同じ波長であることを発見した．
1820頃	エルステッド（H. C. Oersted；1777〜1851）は，電流を流すと，磁石が振れる現象を発見した．	フレネル（A. J. Fresnel；1788〜1827）は，光の波動説を更に進めて，干渉や回折に数学的な基礎を与えた．
1821	ファラデー（M. Faraday；1791〜1867）がモータを発明した．	
1823	アンペール（A. M. Ampere；1775〜1836）が電流の磁気作用である「アンペールの法則」を定式化した．	
1826	オーム（G. S. Ohm；1787〜1854）による「オームの法則」を発見した．	
1831	ファラデーが，磁石の働きで電流を発生させる実験に成功（ファラデーの"電磁誘導の法則"を発見した．）	
1837, 1847	モールス（S. F. B. Morse；1791〜1872）が電磁石を用いた最初の実用的無線電信機を開発．1847年にワシントン-ボルチモア間の通信に成功した．	
1847	ファラデーが，光の偏光方向が磁場によって回転する現象（ファラデー効果）を発見．これは光が磁場と反応すること，光が電磁場の振動であることを示唆した．	
1849		フィゾー（A. H. L. Fizeau；1819〜1896）による光の速度の測定
1850		キルヒホッフ（G. R. Kirchhoff；1824〜1887）による分光学の発展
1856-1873	マクスウェル（J. C. Maxwell；1823〜1879）は，電磁気学の多くの現象を数学的定式化した（マクスウェルの電磁方程式）． ・電磁波（電波）の存在を予言した． ・電磁波の（真空中の）速度が光の速度と非常に近いことより，「光は電磁波の一種ではないか」と予言した．	
1870頃		ザイデル（L. von Zeidel；1821〜1896）は五つの基本的収差の分類を行った．
1876	グラハム・ベル（A. G. Bell；1847〜1922）による電話の発明（特許の取得）	
1880-1887	マイケルソン（A. A. Michelson；1852〜1931）とモーレー（E. W. Morley；1869〜1906）の実験によりエーテルの存在の否定．特殊相対性理論（アインシュタイン）の根拠になった．	
1886-1888	ヘルツ（H. R. Hertz；1857〜1894）は電気振動から発生する電（磁）波の存在，その波が光と同じ波動現象（反射，屈折，偏波など）を示すことを実験的に示した．	
1905	アインシュタイン（A. Einstein；1879〜1955）が特殊相対性理論を発表した．	
1916	アインシュタインがレーザの可能性を予言した．	
1954	タウンズ（C. H. Townes；1915〜 ）がアンモニアの分子線メーザの発振に成功した．	
1960	メイマン（T. H. Maiman；1927〜2007）がルビーレーザの発振に成功した．	

2. 屈折率, 誘電率, 透磁率

真空中の誘電率を ε_0, 透磁率を μ_0 とすると, 電磁波の真空中の位相速度 c は次式で与えられる.

$$c = \frac{1}{\sqrt{\varepsilon_0 \mu_0}}$$

MKSA 単位系では

$$\varepsilon_0 = (36\pi)^{-1} \times 10^{-9} \fallingdotseq 3.854 \times 10^{-12} \text{ [F/m]}$$

$$\mu_0 = 4\pi \times 10^{-7} \fallingdotseq 1.2566 \times 10^{-6} \text{ [H/m]}$$

より

$$c = 2.9979 \times 10^8 \text{ [m/s]}$$

ある媒質の誘電率を ε, 透磁率を μ とし, 次式で表すと

$$\varepsilon = \varepsilon_0 \varepsilon_r$$

$$\mu = \mu_0 \mu_r$$

ε_r は**比誘電率**, μ_r は**比透磁率**と呼ばれる.

そうすると, その媒質中の電磁波の位相速度 "v" は次式で表される.

$$v = \frac{1}{\sqrt{\varepsilon \mu}} = \frac{1}{\sqrt{\varepsilon_0 \mu_0} \times \sqrt{\varepsilon_r \mu_r}}$$

ここで, $n = \sqrt{\varepsilon_r \mu_r}$ と定義すると

$$v = \frac{c}{n}$$

この "n" は**屈折率**と呼ばれる.

3. 偏光とその応用

〔1〕 光 は 横 波

座標系の定義：進行方向を $+z$ 方向, 進行方向に向かって左手方向を $+x$ 方向, x 方向と直交する図示の方向を $+y$ 方向と定義する (**図 A3.1**).

電界の振動方向を示すベクトルと磁界の振動方向を示すベクトルは, 光の進行方向に直角であり (横波の定義), また電界・磁界の振動方向は常に直交している (マクスウェルの電磁波方程式より).

〔2〕 **偏光** (polarization) **の種類**

ここでは電界ベクトルに着目する. そのベクトルの x-y 平面への投影を考える. そのベ

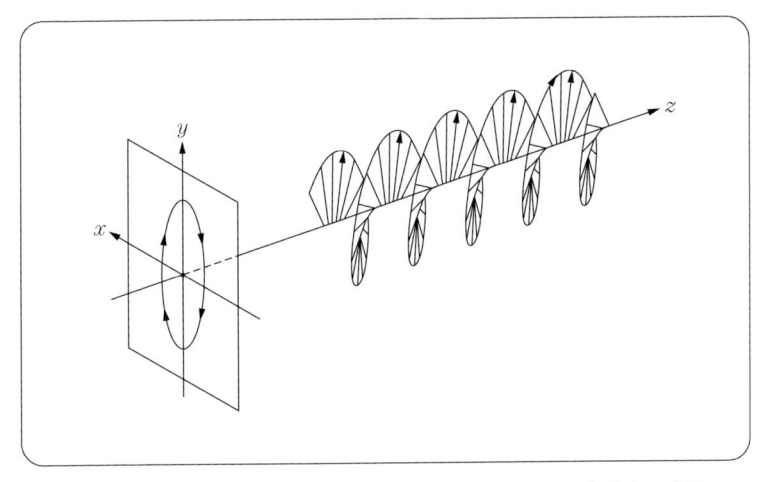

図 A3.1 光波伝搬の様子を概念的に描いた図と座標系の定義を示す図

クトルの軌跡は直線である場合を**直線偏光**，その軌跡が円の場合を**円偏光**という．また，その方向・大きさがランダムに高速で変化する場合を**無偏光**という．ここで「高速」とは，ピコ秒以下で変化する場合を意味する（電波の分野では，偏光を**偏波**という）．

x方向，y方向それぞれの電界の振動成分 $E_x(t)$，$E_y(t)$ は一般に次式で表される．

$$E_x(t) = A_x \sin(2\pi f t + \alpha) \tag{A3.1}$$

$$E_y(t) = A_y \sin(2\pi f t + \beta) \tag{A3.2}$$

この式で A_x，A_y はそれぞれの方向への電界の振幅であり，時間によらず一定とし，f は振動数，t は時間であり，α，β は位相である．

（1） 直線偏光　　直線偏光の一例を図 **A3.2**（a）に示す．直線偏光とは，x方向の振動成分（式(A3.1)）とy方向への振動成分（式(A3.2)）の位相（αとβ）が同じか，あるいは（π〔rad〕(180°)）ずれている場合と定義される．すなわち $\alpha = \beta$ とすると，式(A3.2)

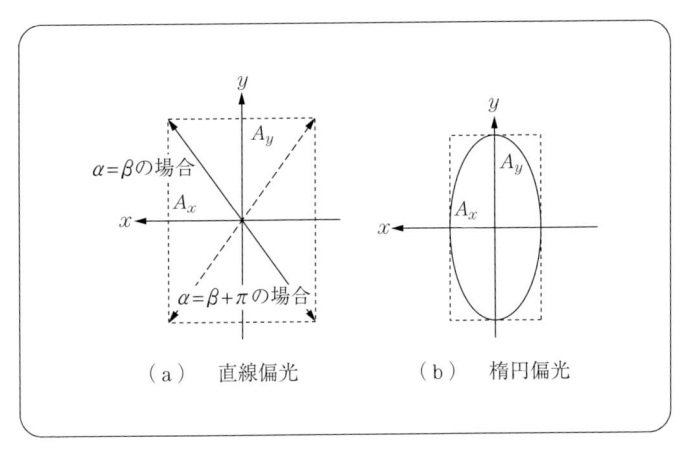

（a）直線偏光　　　（b）楕円偏光

図 A3.2　直線偏光と楕円偏光の電界ベクトルを x-y 平面への投影した図
（x-y 平面を光の進行方向に向かって観察した場合）

を式(A 3.1)で割ると

$$\frac{E_y(t)}{E_x(t)} = \frac{A_y}{A_x} \tag{A 3.3}$$

となり，電界ベクトルの軌跡は直線になる．このような偏光状態を直線偏光という．

　ある方向の偏光成分だけを透過させる光学部品を**偏光板**あるいは**偏光子**（polarizer）と呼ぶ．安価な大きい偏光板を製造する方法を米国のランド（E. Land）が開発・販売し（商品名：ポラロイド），財をなした．この偏光板は，現在の液晶ディスプレイ（付録3.〔3〕）で広く使われている（ポラロイド社は，撮ったその場で現像し，印画紙に像を出すインスタントカメラおよび写真フィルムを開発・販売し，多くの分野で使われた．しかし，1995年頃以降は，デジタルカメラの普及により，あまり使われなくなった）．

（2）　円偏光　　x方向の振動成分式(A 3.1)とy方向の振動成分式(A 3.2)の位相（αとβ）が$\pi/2$〔rad〕（90°）（例えば$\beta = \alpha + \pi/2$）ずれている場合を考える．そのときは

$$E_y(t) = A_y \sin\left(2\pi ft + \alpha + \frac{\pi}{2}\right) = A_y \cos(2\pi ft + \alpha) \tag{A 3.4}$$

となる．

　その場合，x-y平面への電解ベクトルの先端の軌跡は

$$\left(\frac{E_x}{A_x}\right)^2 + \left(\frac{E_y}{A_y}\right)^2 = \sin^2(2\pi ft + \alpha) + \cos^2(2\pi ft + \alpha) = 1 \tag{A 3.5}$$

となり，一般には楕円になる．ここで，x方向へ振幅A_xとy方向への振幅A_yが等しい場合は，それらをAとおくと

$$E_x^2 + E_y^2 = A^2 \tag{A 3.6}$$

となり，電界ベクトルの先端の軌跡は半径がA_x（あるいはA_y）の円になる．このような偏光状態を**円偏光**という．楕円偏光の場合の電界ベクトルのイメージを，図**A3.2**(b)に示す．

〔3〕　偏光の応用

　最も多く使われている偏光（状態の制御）の応用は，液晶ディスプレイパネルである．液晶ディスプレイパネルは，小さいものでは腕時計や携帯電話の表示から大きいものではパソコンのモニタディスプレイや液晶テレビまで，広範囲に使われている．

　その基本原理だけ紹介する．表示に最も多く使われている液晶の構成はツイステッドネマティック（twisted nematic）液晶である．その構造の様子を図**A3.3**に概念的に示す．

　ネマティック液晶は細長い分子形状（長手方向が20 nm程度；可視光の波長の1/10以下）をしており，分子の長手方向への屈折率とそれと垂直な方向への屈折率の差が非常に大きい特徴がある．その液晶分子を適当な厚さ（約5 μm程度）にして，ガラス板ではさむ．ガラス板とこの液晶が接する面に薄い導電性がある透明電極をつける．その表面を特殊加工することにより，その分子を図**A3.4**のように90°ねじらせて並べる．

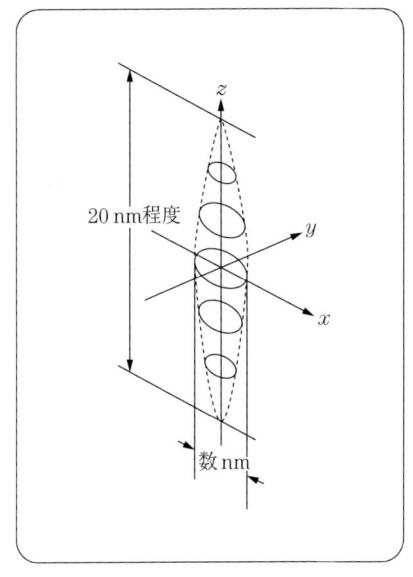

図 A3.3 ネマティック液晶分子の概念図. x, y 方向と z 方向で屈折率が大きく異なる.

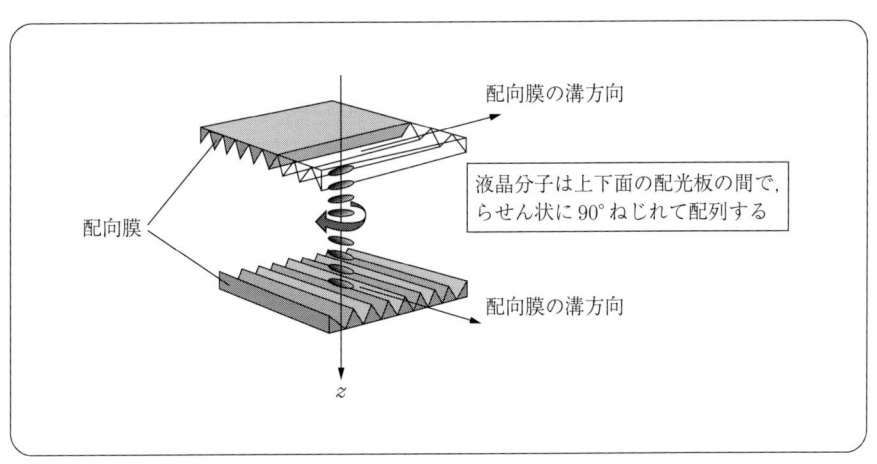

図 A3.4 ネマティック液晶を配向処理された膜ではさんだ場合の液晶分子の様子を示す概念図

液晶分子は上下面の配光板の間で，らせん状に 90°ねじれて配列する

配向膜

配向膜の溝方向

　そして，この液晶パネルの面の前後を光の通過方向を平行にした偏光板ではさむ構造にする．この構造の様子を**図 A3.5** に示す．

　このパネルの一方から，この面と垂直に平行光で照明する場合を想定する．偏光板により直線偏光された光が入射すると，液晶分子の屈折率が方向によって大きく異なる結果として，液晶通過後の光は直線偏光ではあるが，その偏光方向が 90°回転する．このような特性を**旋光性**という．結果として，その光は後ろ側に置かれた偏光板により，ブロックされ通過しない（**図 A3.6**(a)参照）．

　次に，透明電導膜（透明電極）の間に数 V の電圧を加えると，液晶層に電界が加わり，図 A 3.6(b)に示すように，すべての液晶分子が液晶層の面に対して垂直になる．このよう

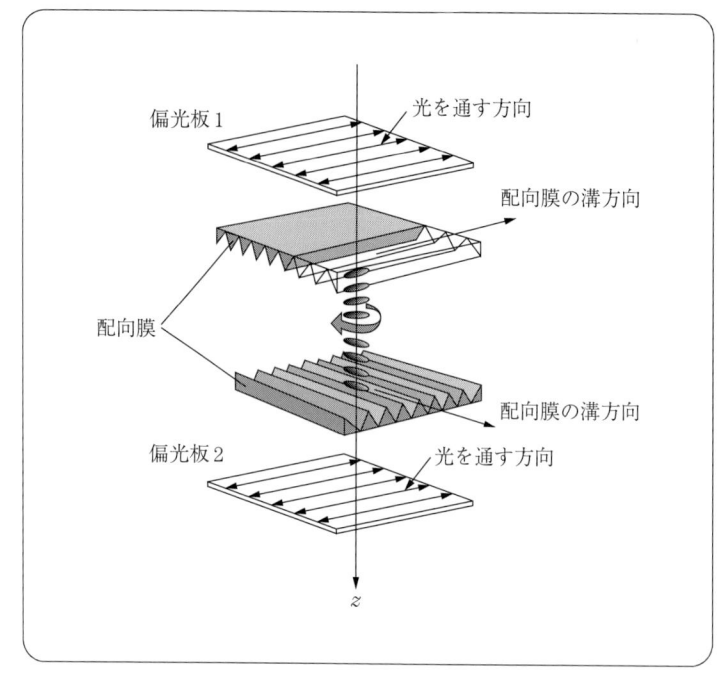

図 A3.5 ツイステッドネマティック構造の液晶板の両側を光の通過方向を平行にした偏光板ではさんだ構造図

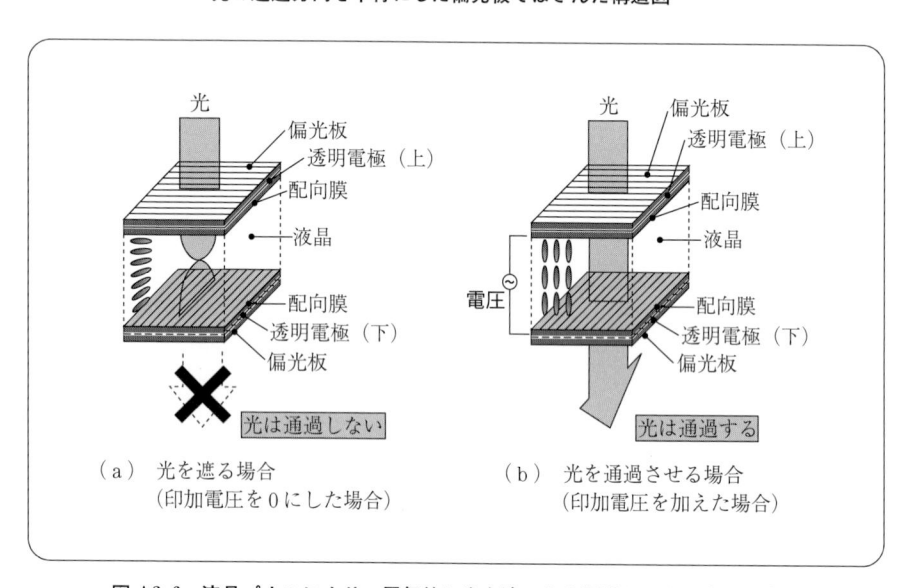

図 A3.6 液晶パネルにより，電気的に光を遮ったり通過させたりする概念図

に，液晶分子が並ぶと旋光性がなくなり，入射した直線偏光の光は偏光方向を変えずに通過するので，光の出口側に置かれた偏光板により，ブロックされずに通過する．下側の偏光板の通過方向を90°変える（すなわち，出口側の偏光板の通過方向を光源側の偏光板の光の通過方向と直角にする）ことにより，この特性を逆にすることができる．

このように，この構成のパネルは電気的に光を通したりストップさせるシャッタとして働かせることができる．中間の電圧を加えた場合には，ある割合で光を通過させる．このパネルを小さい面積の単位（**画素**と呼ぶ）で配列し独立に働かせることにより，それぞれの画素について明るさを変化させ，表示パネルとして機能するようにしている．実際の表示パネルはもっと複雑な構造になっており，広い角度範囲でカラー映像を観察できるように作られている．

4. 反射率，屈折率の強度比を表す式の導出と結果のグラフ

境界面が光学的鏡面の平面における光線束の反射と屈折について考える．

仮定1：境界をなす二つの媒質Ⅰ，Ⅱともに透明な誘電体であり，それぞれの媒質の屈折率を n_1, n_2 とする．

仮定2：直線偏光の平行光線束が入射角 θ_1 で入射するとする．

仮定3：その光線束の屈折角を θ_2 とする．

この入射直線偏光光線束の振動を，電界成分（E 成分）が入射面内に含まれる直線偏光（これを **P偏光** と呼ぶ）成分と，それと直交する（すなわち電界の振動成分が入射面と垂直である）偏光（これを **S偏光** と呼ぶ）成分に分けてそれぞれの偏光成分の境界での振舞いについて考察を進める．この様子を図 A4.1 に示す．座標系をこの図に示すように設定する．

電界（E 成分）および磁界（H 成分）の大きさが媒質Ⅰ内と媒質Ⅱ内での境界面で連続，すなわち等しくなければならないから，次式が満足されなければならない．ここで，入射光

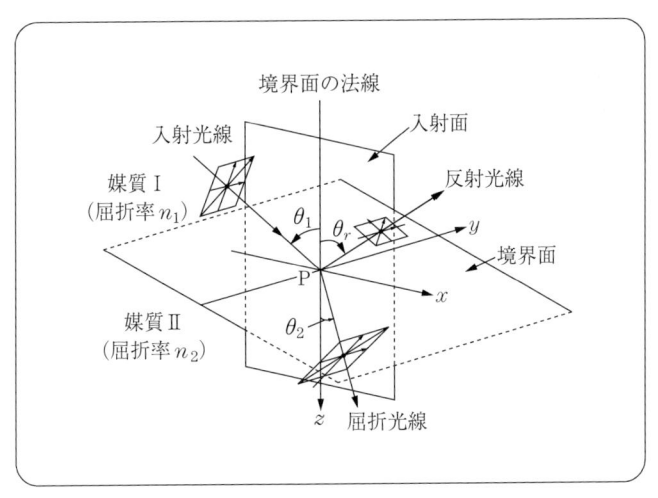

図 A4.1　一般的な直線偏光の入射光を P 成分と
S 成分に分けて考える場合の概念図

については添え字"1",反射光については添え字"r",透過光については添え字"2"をつけて示すことにする.

P偏光成分については

$$H_1 + H_r = H_2 \tag{A 4.1}$$

$$E_1 \cos \theta_1 + E_r \cos \theta_r = E_2 \cos \theta_2 \tag{A 4.2}$$

S偏光成分については

$$E_1 + E_r = E_2 \tag{A 4.3}$$

$$H_1 \cos \theta_1 + H_r \cos \theta_r = H_2 \cos \theta_2 \tag{A 4.4}$$

これらの式を,それぞれの偏光成分について,検討していく.

〔1〕 P 偏 光

この場合の様子を入射面を図 A4.2 に示す.また屈折率の定義より,次式が成立する.

$$n_1(E_1 - E_r) = n_2 E_2 \tag{A 4.5}$$

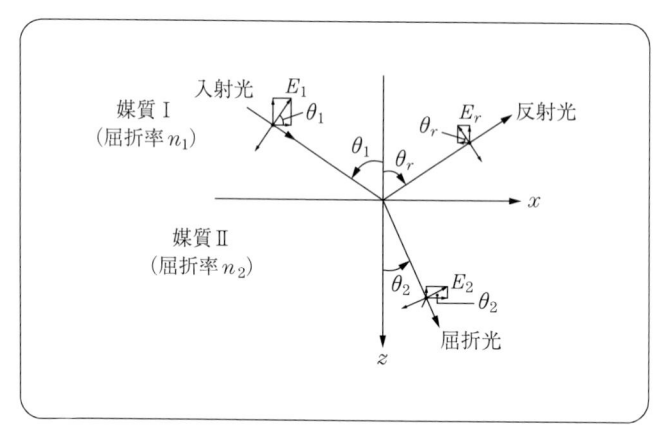

図A4.2 P偏光成分の場(この場合は電界場)をそれぞれの方向(x方向,z方向)に分ける概念図(紙面を入射面にとっている)

光線の反射の法則より,$\theta_r = \theta_1$ であるから,式(A 4.2)は

$$(E_1 + E_r) \cos \theta_1 = E_2 \cos \theta_2 \tag{A 4.2'}$$

式(A 4.5),(A 4.2')より次式が得られる.

$$\frac{E_2}{E_1} = \frac{2 n_1 \cos \theta_1}{n_1 \cos \theta_2 + n_1 \cos \theta_1} \tag{A 4.6}$$

$$\frac{E_r}{E_1} = \frac{n_1 \cos \theta_2 - n_2 \cos \theta_1}{n_1 \cos \theta_2 + n_2 \cos \theta_1} \tag{A 4.7}$$

強度透過率 T_p は

$$T_p = \left|\frac{E_2}{E_1}\right|^2 \cdot \frac{n_2}{n_1} \cdot \frac{\cos \theta_2}{\cos \theta_1}$$

で与えられるから

$$T_p = \frac{4n_1 n_2 \cos\theta_1 \cos\theta_2}{(n_1 \cos\theta_2 + n_2 \cos\theta_1)^2} \tag{A 4.8}$$

これが，2章本文中の式(2.4)である．

また，強度反射率 R_p は

$$R_p = \left|\frac{E_r}{E_1}\right|^2$$

で与えられるから

$$R_p = \frac{(n_2 \cos\theta_1 - n_1 \cos\theta_2)^2}{(n_1 \cos\theta_2 + n_2 \cos\theta_1)^2} \tag{A 4.9}$$

これが2章本文中の式(2.3)である．

〔2〕 S 偏 光

この場合の様子を，同じく入射面を紙面にとって，図 **A4.3** に示す．

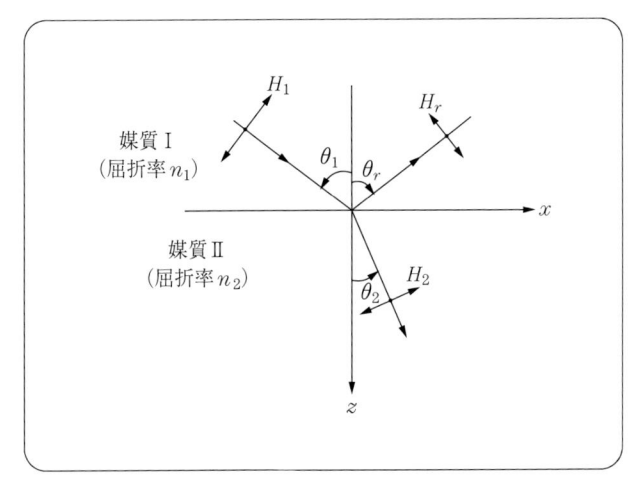

図 **A4.3** S偏光成分の場（この場合は磁界場）をそれぞれの方向（x方向，z方向）に分ける概念図（紙面を入射面にとっている）．

この場合には，式(A 4.4)にマクスウェルの電磁場関係式を用いることにより

$$n_1 \cos\theta_1 (E_1 - E_r) = n_2 \cos\theta_2 \cdot E_2 \tag{A 4.10}$$

この式の導出は省略する．

式(A 4.3), (A 4.10)より

$$\frac{E_r}{E_1} = -\frac{\sin(\theta_1 - \theta_2)}{\sin(\theta_1 + \theta_2)} \tag{A 4.11}$$

$$\frac{E_2}{E_1} = \frac{2\cos\theta_1 \sin\theta_2}{\sin(\theta_1 + \theta_2)} \tag{A 4.12}$$

よって強度透過率 T_s は

$$T_s = \left|\frac{E_2}{E_1}\right|^2 \cdot \frac{n_2 \cos\theta_2}{n_1 \cos\theta_1}$$

$$= \frac{4n_1 n_2 \cos\theta_1 \cos\theta_2}{(n_1 \cos\theta_1 + n_2 \cos\theta_2)^2} \tag{A 4.13}$$

これが2章本文中の式(2.6)である．

また，強度反射率 R_s は

$$R_s = \left|\frac{E_r}{E_1}\right|^2 = \frac{\sin^2(\theta_1-\theta_2)}{\sin^2(\theta_1+\theta_2)}$$

$$= \frac{(n_1 \cos\theta_1 - n_2 \cos\theta_2)^2}{(n_1 \cos\theta_1 + n_2 \cos\theta_2)^2} \tag{A 4.14}$$

これが2章本文中の式(A 2.5)である．

式(A 4.6)，(A 4.7)，(A 4.11)，(A 4.12)は，**フレネルの係数**と呼ばれる．例として，$n_1=1.00$, $n_2=1.60$ の場合について，入射角 θ_1 を0°から89°まで変化させたときの強度透過率，強度反射率の変化の様子を，P偏光成分，S偏光成分それぞれについて，**図A4.4** にグラフで示す．

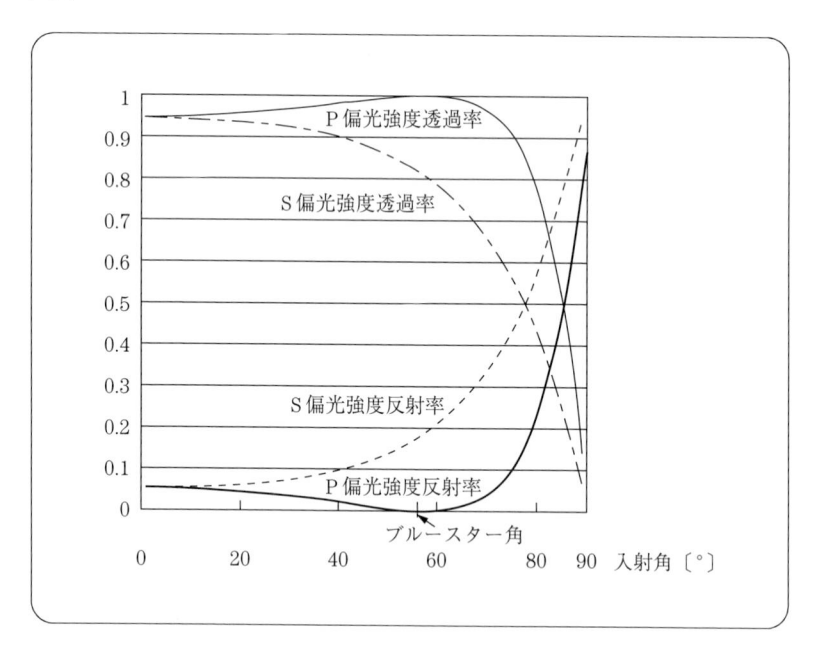

図A4.4 P偏光成分およびS偏光成分それぞれの強度透過率と強度反射率が入射角によって変化する様子 ($n_1=1.00$, $n_2=1.60$ の場合)

図A 4.4 および式(A 4.9)からわかるように，P偏光成分では

$$n_1 \cos\theta_2 - n_2 \cos\theta_1 = 0 \tag{A 4.15}$$

および屈折の法則

$$n_1 \sin\theta_1 = n_2 \sin\theta_2 \tag{A 4.16}$$

より一義的に決まる θ_1 の入射角で，反射光強度が0になる．この時の入射角度 θ_1 を特に，**ブルースター角**と呼ぶ．

5. 小さい頂角のプリズムによる偏角を与える式の導出

$\theta_2 = \dfrac{n_1}{n_2} \theta_1$

$\theta_4 = \dfrac{n_2}{n_1} \theta_3 = \dfrac{n_2}{n_1}\left(\alpha - \dfrac{n_1}{n_2}\right)\theta_1$

$\theta_2 + \theta_3 = \alpha$

$\theta_3 = \alpha - \theta_2 = \alpha - \dfrac{n_1}{n_2}\theta_1$

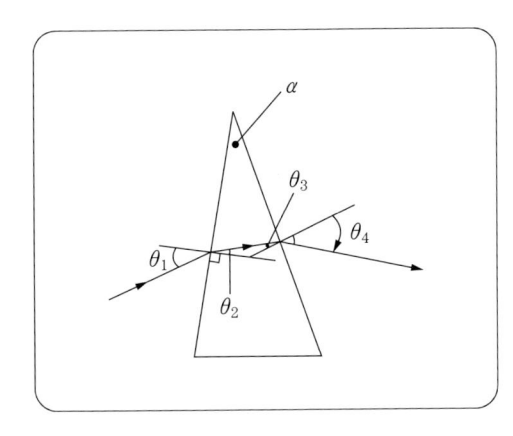

図 A5.1

$\delta = (\theta_1 - \theta_2) + (\theta_4 - \theta_3)$

$\quad = \theta_1 + \theta_4 - \dfrac{(\theta_2 + \theta_3)}{\alpha}$

$\quad = \theta_1 + \dfrac{n_2}{n_1}\left(\alpha - \dfrac{n_1}{n_2}\right)\theta_1 - \alpha$

$\quad = \theta_1 + \dfrac{n_2}{n_1}\alpha - \theta_1 - \alpha$

$\quad = \left(\dfrac{n_2}{n_1} - 1\right)\alpha$

$\quad = \dfrac{n_2 - n_1}{n_1} \cdot \alpha$

6. 縦倍率の式(4.4)の導出

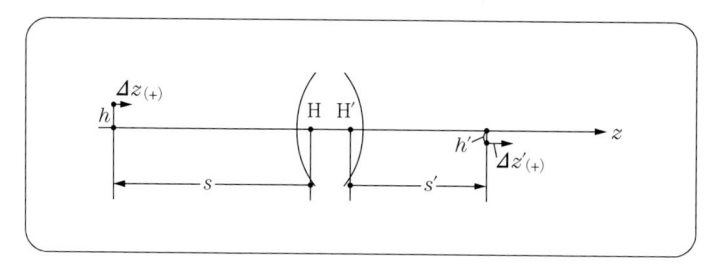

図 A6.1

$$\frac{1}{s'} - \frac{1}{s} = \frac{1}{f'} \tag{A 6.1}$$

$$\frac{1}{s'+\Delta z'} - \frac{1}{s+\Delta z} = \frac{1}{f'} \tag{A 6.2}$$

式(A 6.2)より $\Delta z'$ を求めると

$$\Delta z' = \frac{f(s+\Delta z)}{s+\Delta z+f'} - s' \tag{A 6.3}$$

式(A 6.1)より $s' = \dfrac{f' \cdot s}{f'+s}$，あるいは $f'+s = \dfrac{f's}{s'}$ であるから，式(A 6.3)の s' にこの式を代入し，Δz で割ると

$$\frac{\Delta z'}{\Delta z} = f'\left(\frac{s+\Delta z}{s+\Delta z+f'} - \frac{s'}{f'+s}\right)$$

$$= \frac{s' \cdot f'}{s\left(\dfrac{f's}{s'}+\Delta z\right)}$$

ここで $|\Delta z| \ll \left|\dfrac{f's}{s'}\right|$ として，Δz を無視すると（これは，Δz を小さくとれば満足される）

$$\frac{\Delta z'}{\Delta z} = \frac{s' \cdot f'}{s \cdot \dfrac{f's}{s'}} = \left(\frac{s'}{s}\right)^2 = \left(\frac{y'}{y}\right)^2$$

7. 波面収差 $W(\xi, \eta)$ から横収差 $(\Delta x', \Delta y')$ の導出

(6章の式(6.10)，式(6.11)の導出)

座標系を図 **A7.1** のように射出瞳の中心を原点として，(ξ, η, z')直交座標系をとり，近軸像点 I の座標を I$(0,0,R)$ とする．そうすると，点 I を球心とし，半径が R の球面の式は射出瞳面の座標 (ξ, η) を使って次式で与えられる．

$$\xi^2 + \eta^2 + (z'-R)^2 = R^2 \tag{A 7.1}$$

この参照球面波面から出るすべての光線は設定した像点 I を通る（波面から出る光線は常に

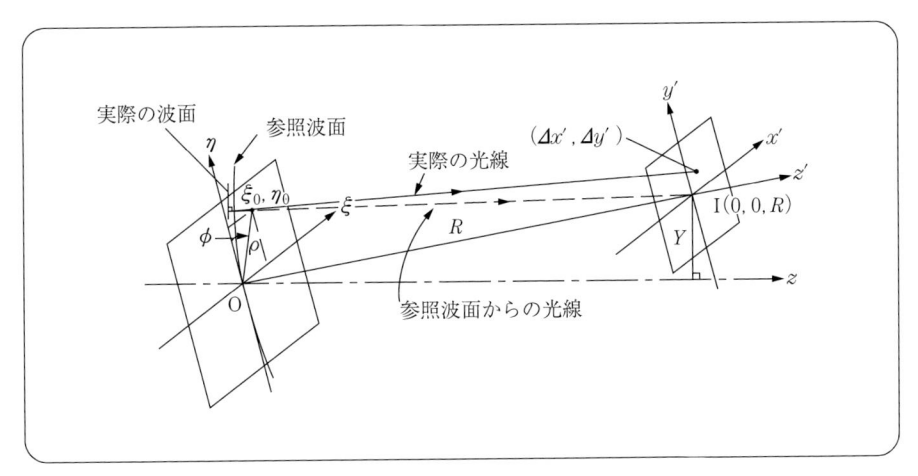

図 A7.1 射出瞳面から光線が出て設定した像面と交わる概念図
（直交座標系と極座標系の関係も示す）

面と垂直である（マリウスの定理より）．

射出瞳面の座標を極座標表示(ρ, ϕ)で表すと

$$\xi = \rho \sin \phi \tag{A7.2}$$

$$\eta = \rho \cos \phi \tag{A7.3}$$

$$\xi^2 + \eta^2 = \rho^2 \tag{A7.4}$$

次に，波面収差 $W(\xi, \eta)$ を持つ光波面の任意の点から出る光線（直線）が設定した像面 (x', y') 面とどの位置で交わるかを計算する．この交点が横収差の値になる．波面収差の絶対値は参照球面の曲がり $z'(\rho)$ に比べて十分小さいとする．そうすると，射出瞳面上のある点 (ξ_0, η_0) から（実際の光波面から）出る光線（直線）はその点の参照球面から出る光線とごくわずかにずれる．そのずれ角の ξ（あるいは x'）方向への成分 "$\Delta \alpha$" は波面収差の ξ 方向への偏微分で近似され，像面上でのずれ量 $\Delta x'$ は $\Delta \alpha$ を使って次式で与えられる．

すなわち

$$\Delta \alpha = \frac{\partial W}{\partial \xi} \tag{A7.5}$$

$$\Delta x' = \Delta \alpha \times R \tag{A7.6}$$

同様に，そのずれ角の η（あるいは y'）方向への成分 "$\Delta \beta$" は波面収差の η 方向への偏微分で近似され，像面上でのずれ量 $\Delta y'$ は $\Delta \beta$ を使って次式で与えられる．この様子を η 方向（の断面）について，**図 A7.2** に示す．

$$\Delta \beta = \frac{\partial W}{\partial \eta} \tag{A7.7}$$

$$\Delta y' = \Delta \beta \times R \tag{A7.8}$$

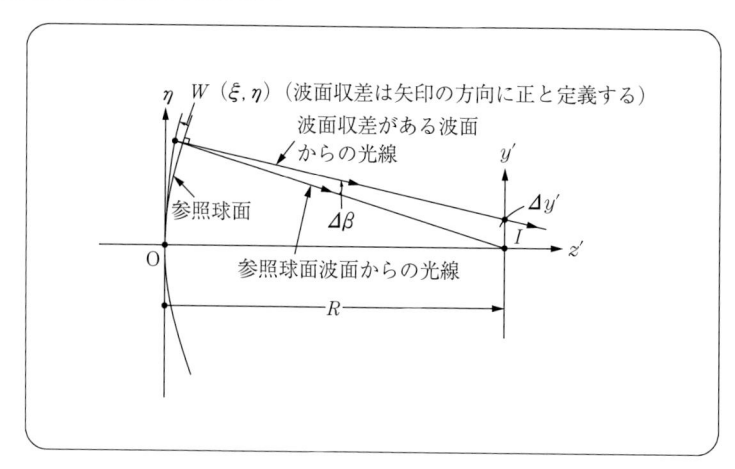

図 A7.2 z'-η(y') 平面について，像面での光線のずれを概念的に示す図

次に，$\Delta\alpha$, $\Delta\beta$ を具体的に求める．

$$\Delta\alpha = \frac{\partial W(\xi, \eta)}{\partial \xi}$$

$$= \frac{\partial W}{\partial \rho} \cdot \frac{\partial \rho}{\partial \xi} + \frac{\partial W}{\partial \phi} \cdot \frac{\partial \phi}{\partial \xi}$$

$$= \frac{\partial W}{\partial \rho} \cdot \sin\phi + \frac{\partial W}{\partial \phi} \cdot \frac{\cos\phi}{\rho} \tag{A 7.9}$$

よって

$$\Delta x' = R \times \left(\sin\phi \frac{\partial W}{\partial \rho} + \frac{\cos\phi}{\rho} \frac{\partial W}{\partial \phi} \right) \tag{A 7.10}$$

これが 6 章本文中の式(6.10)である．

同様にして

$$\Delta\beta = \frac{\partial W(\xi, \eta)}{\partial \eta}$$

$$= \frac{\partial W}{\partial \rho} \cdot \frac{\partial \rho}{\partial \eta} + \frac{\partial W}{\partial \phi} \cdot \frac{\partial \phi}{\partial \eta}$$

$$= \frac{\partial W}{\partial \rho} \cdot \cos\phi - \frac{\partial W}{\partial \phi} \cdot \frac{\sin\phi}{\rho} \tag{A 7.11}$$

よって

$$\Delta y' = R \times \Delta\beta$$

$$= R\left(\cos\phi \cdot \frac{\partial W}{\partial \rho} - \frac{\sin\phi}{\rho} \cdot \frac{\partial W}{\partial \phi} \right) \tag{A 7.12}$$

これが 6 章本文中の式(6.11)である．

ここで，$\partial\rho/\partial\xi$, $\partial\phi/\partial\xi$, $\partial\rho/\partial\eta$, $\partial\phi/\partial\eta$ の計算は省略している．

8. 被写界深度の式(7.18)の導出

最も計算が簡単である物体主点 (H) と像主点 (H′) が一致し，なおかつ入射瞳と射出瞳の位置が主面と同じ位置にあり，その直径 (2φ) が等しい場合について，この場合の光軸上の物体点の被写界深度を考える．この場合の図を図 A8.1 に示す．

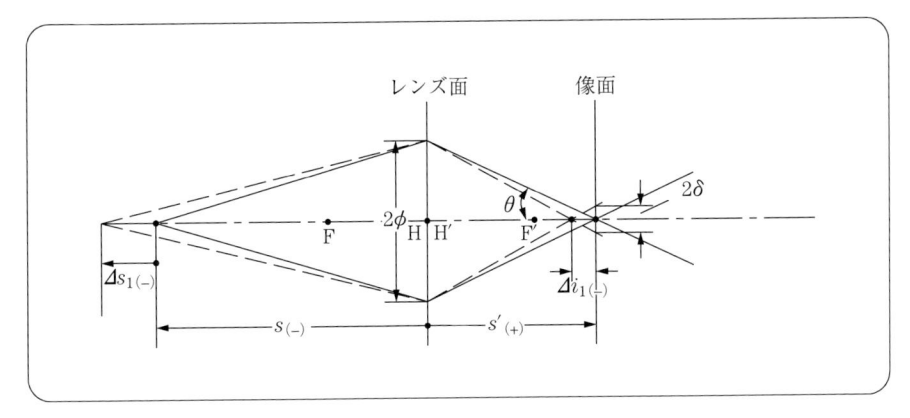

図 A8.1 被写界深度を求めるための図

この図において，次式が成立する．

$$\frac{1}{s'} - \frac{1}{s} = \frac{1}{f'} \tag{A 8.1}$$

$$\frac{\phi}{s'} = \tan\theta \tag{A 8.2}$$

許容される像のぼけ (2δ) に対する像界深度の絶対値 Δi は

$$\Delta i = \frac{\delta}{\tan\theta} \tag{A 8.3}$$

① 像点がレンズに近づく場合（図 A 8.1 参照）

その場合の物点の移動距離を Δs_1（遠ざかる方向への被写界深度）とすると

$$\frac{1}{s_{(+)}' + \Delta i_{1(-)}} - \frac{1}{s_{(-)} + \Delta s_{1(-)}} = \frac{1}{f_{(+)}'} \tag{A 8.4}$$

(A 8.4) より Δs は

$$\Delta s_1 = \frac{(s' + \Delta i_1) \cdot f'}{f' - s' - \Delta i_1} - s \tag{A 8.5}$$

式 (A 8.1) から

$$s = \frac{s' \cdot f'}{f' - s'} \tag{A 8.1′}$$

この s を式 (A 8.5) に代入して Δi_1 を求めると

$$\Delta s_1 = \frac{f'^2}{(f'-s'-\Delta i_1)(f'-s')} \times \Delta i_1 \tag{A 8.6}$$

これに式(A 8.3)の Δi_1 にマイナスの符号をつけて代入すると

$$\Delta s_{1(-)} = -\frac{f'^2}{(f'-s')^2 \tan\theta + (f'-s')\cdot\delta} \times \delta \tag{A 8.6'}$$

② 像点がレンズから遠ざかる場合（図 A8.2 参照）

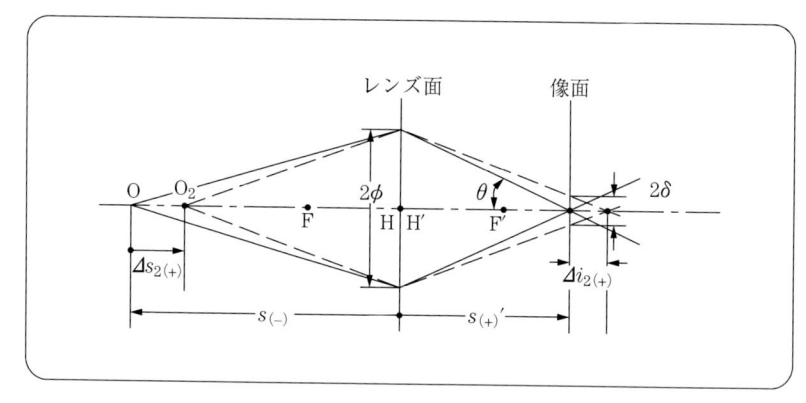

図 A8.2 像点がレンズから離れる方向への被写界深度を示す図

その場合の物点の移動距離を Δs_2（近づく方向への被写界深度）とすると

$$\frac{1}{s'+\Delta i_{2(+)}} - \frac{1}{s+\Delta s_{2(+)}} = \frac{1}{f'} \tag{A 8.7}$$

から

$$\Delta s_2 = -s + \frac{(s'+\Delta i_2)\times f'}{f'-s'-\Delta i_2} \tag{A 8.8}$$

この式の s に式(A 8.1)からの s を代入すると

$$\Delta s_2 = \frac{f'^2}{(f'-s'+\Delta i_2)(f'-s')} \times \Delta i_2 \tag{A 8.9}$$

この式に式(A 8.3)の Δi_2 を代入すると

$$\Delta s_2 = \frac{f'^2}{(f'-s')^2 \tan\theta - (f'-s')\cdot\delta} \times \delta \tag{A 8.10}$$

よって被写界深度 $\Delta s_{(+)}$ は

$$\begin{aligned}\Delta s_{(+)} &= \Delta s_2 - \Delta s_1 \\ &= \frac{f'^2\cdot\delta}{(f'-s')^2\tan\theta - (f'-s')\cdot\delta} + \frac{f'^2\cdot\delta}{(f'-s')^2\tan\theta + (f'-s')\cdot\delta} \\ &= \frac{2f'^2\delta\cdot\tan\theta}{(f'-s')^2\tan^2\theta - \delta^2}\end{aligned} \tag{A 8.11}$$

この式(A 8.11)が被写界深度を示す一般式である．
$(f'-s')^2 \tan^2\theta \gg \delta^2$ が成り立つ場合（この仮定はほとんどの場合，成立する）には，分母

の δ^2 は省略できて，被写界深度 Δs は

$$\Delta s = \frac{2f'^2 \cdot \delta}{(f'-s')^2 \tan\theta} \tag{A 8.12}$$

これで，本文中の式(7.18)が導かれた．

9. 波長によるレンズの焦点距離の変化を示す式(8.4)の導出

薄い単レンズを仮定する．また，レンズ両側の媒質は空気とし，その屈折率 n_1 は波長によらず一定で，1.00 とする．

① F 線の光の像焦点距離を f_F' とすると，上記仮定より

$$\frac{1}{f_F'} = (n_F - 1)\left(\frac{1}{r_1} - \frac{1}{r_2}\right) \tag{A 9.1}$$

(3章本文中の式(3.16)より)．ここで，r_1 は第1屈折面の曲率半径であり，r_2 は第2屈折面の曲率半径である．また，n_F はこのレンズ媒質の F 線の光に対する屈折率である．

② 同様にして，C 線の光に対する屈折率を n_C，その波長の光の像焦点距離を f_C' とすると

$$\frac{1}{f_C'} = (n_C - 1)\left(\frac{1}{r_1} - \frac{1}{r_2}\right) \tag{A 9.2}$$

③ 同様に d 線の波長の光について

$$\frac{1}{f_d'} = (n_d - 1)\left(\frac{1}{r_1} - \frac{1}{r_2}\right) \tag{A 9.3}$$

三つそれぞれの波長による像焦点位置の概念図を図 **A9.1** に示す．

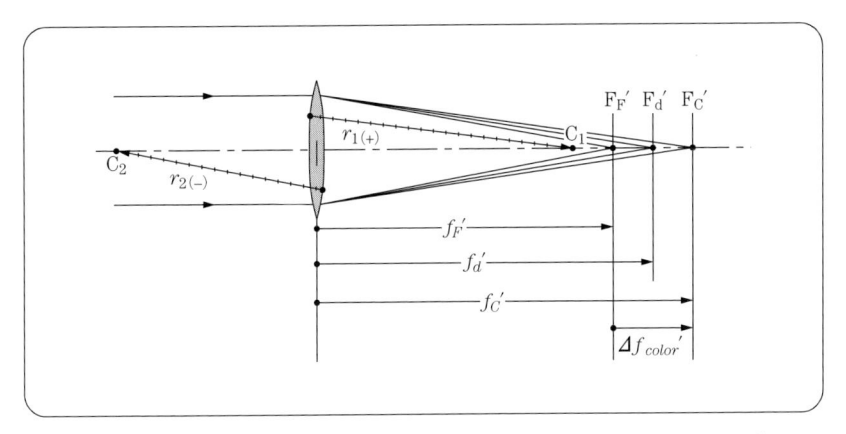

図 **A9.1** 薄い単レンズの F 線（$\lambda : 0.486\ \mu m$），d 線（$\lambda : 0.588\ \mu m$），C 線（$\lambda : 0.656\ \mu m$）の波長の光の像焦点，像焦点距離を概念的に示す図

F 線と C 線の像焦点距離の差 $\Delta f_{color}'$ は式(A 9.1)，(A 9.2)より，

$$\Delta f_{color}' = f_C' - f_F'$$

$$= \frac{r_1 \cdot r_2}{r_2 - r_1} \left(\frac{1}{n_C - 1} - \frac{1}{n_F - 1} \right)$$

$$= \frac{r_1 \cdot r_2}{r_2 - r_1} \cdot \frac{(n_d - 1)}{(n_C - 1)(n_F - 1)} \cdot \frac{n_F - n_C}{n_d - 1} \tag{A 9.4}$$

最後の項は,定義よりアッベ数（ν_d）の逆数だから

$$= \frac{r_1 \cdot r_2}{r_2 - r_1} \cdot \frac{n_d - 1}{(n_C - 1)(n_F - 1)} \cdot \frac{1}{\nu_d} \tag{A 9.5}$$

ここで, $(n_C - 1)(n_F - 1) = (n_d - 1)^2$ と近似すると

$$\Delta f_{color}' = \frac{r_1 \cdot r_2}{r_2 - r_1} \cdot \frac{1}{n_d - 1} \cdot \frac{1}{\nu_d} \tag{A 9.6}$$

最初の部分は式(A 9.3)より f_d' だから

$$\Delta f_{color}' = \frac{f_d'}{\nu_d} \tag{A 9.7}$$

よって,本文中の式(8.4)が導出できた.

10. 2枚合せアクロマートレンズの各単レンズの焦点距離の関係式(8.5),(8.6)の導出

簡単のため,2枚のレンズとも薄い単レンズと仮定する.2枚の薄い単レンズが光軸を共通にして,距離 d だけ離れている場合,その組レンズの像焦点距離 f_j' をまず求める.その場合の概念図を図 A10.1 に示す.

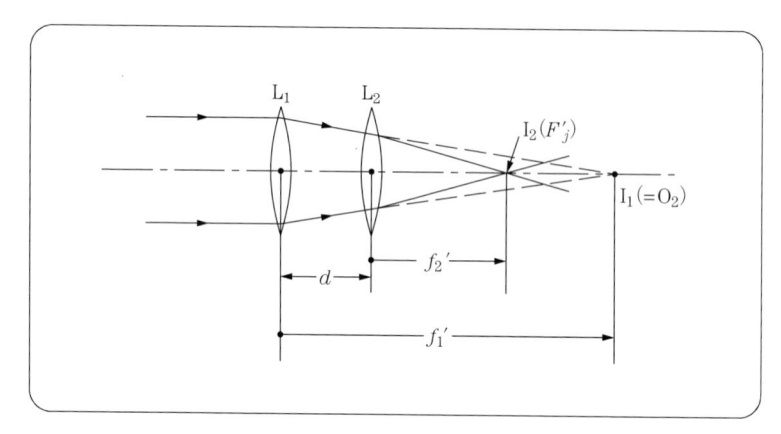

図 A10.1 共軸合せレンズを1組みのレンズとみなした場合の像焦点距離 f_j' を求める概念図

レンズ L_1 の像焦点距離を f_1',レンズ L_2 の像焦点距離を f_2' とし,その二つのレンズ間の間隔を d とする.そうすると,レンズ L_2 については物点が図の $I_1(=O_2)$ であるから,近軸結像関係式は式(A 10.1)で与えられる.

$$\frac{1}{f_j'} - \frac{1}{f_1' - d} = \frac{1}{f_2'} \qquad (\text{A}10.1)$$

変形して

$$\frac{1}{f_j'} = \frac{1}{f_1' - d} + \frac{1}{f_2'} \qquad (\text{A}10.1')$$

2枚の単レンズをつけて配置すると，$d \fallingdotseq 0$ と置いてよいから

$$\frac{1}{f_j'} = \frac{1}{f_1'} + \frac{1}{f_2'} \qquad (\text{A}10.2)$$

アクロマート（2枚あわせで f_j' が同じ値になるレンズのこと）になる条件は，レンズ L_1 の $\Delta f_{1color}'$ とレンズ L_2 の $\Delta f_{2color}'$ を足し合わせると 0 になるようにすればよいから

$$\Delta f_{1color}' + \Delta f_{2color}' = 0 \qquad (\text{A}10.3)$$

すなわち，8章本文中の式(8.4)および式(A 9.7)より

$$\frac{f_{d1}'}{\nu_{d1}} + \frac{f_{d2}'}{\nu_{d2}} = 0 \qquad (\text{A}10.3')$$

式(A 10.2)をそれぞれの単レンズの d 線についての式とすると，次式が得られる．

$$f_{d1}' = \frac{f_{dj}' \cdot f_{d2}'}{f_{d2}' - f_{dj}'} \qquad (\text{A}10.4)$$

式(A 10.4)の f_{d1}' を式(A 10.3')に代入して f_{d2}' を求めると

$$f_{d2}' = \frac{\nu_{d1} - \nu_{d2}}{\nu_{d1}} \cdot f_{dj}' \qquad (\text{A}10.5)$$

本文中の式(8.6)は式(A 10.5)で d を省いた式である．

式(A 10.5)の f_{d2}' を式(A 10.3)に代入して，f_{d1}' を求めると

$$f_{d1}' = \frac{\nu_{d2} - \nu_{d1}}{\nu_{d2}} \cdot f_{dj}' \qquad (\text{A}10.6)$$

この式で添字 d を省き，f_{dj}' を f_j' と記したのが，本文中の式(8.5)である．

引用・参考文献

1. わかりやすい初歩的な書籍
   1) 桑嶋　幹：図解入門 よくわかる最新レンズの基本と仕組み，秀和システム（2005）．
   2) 谷腰欣司：トコトンやさしい光の本，日刊工業新聞社，R&T ブックス（2004）．
   3) 永田信一：レンズがわかる本，日本実業出版社（2002）．
   4) 潮　秀樹：図解入門 よくわかる光学とレーザーの基本と仕組み，秀和システム（2005）．
   5) 河合　滋：光学設計のための基礎知識，オプトロニクス社（2006）．
2. 幾何光学についてより専門的なことを書いてある書籍
   1) 三宅和夫：幾何光学，光学技術シリーズ8，共立出版（1981）．
   2) 応用物理学会光学懇話会 編：幾何光学，最新応用物理学シリーズ2，森北出版（1975）．
   3) 辻内順平：光学概論Ⅰ，朝倉書店（1979）．
3. 幾何光学および波動光学について専門的に書いてある書籍
   1) 辻内順平：光学概論Ⅰ，Ⅱ，朝倉書店（1979）．
   2) 鶴田匡夫：応用光学Ⅰ，Ⅱ，培風館（1990）．
   3) 小嶋敏孝：光波工学，コロナ社（1996）．

理解度の確認；解説

(1 章)

問 1.1 $\lambda \cdot f = c$ の関係式より

$$\lambda \times 80 \times 10^6 \,[\text{Hz}] = 3.0 \times 10^8 \,[\text{m/s}]$$

$$\lambda = \frac{3.0 \times 10^8}{80 \times 10^6} \,[\text{m}]$$

$$= \frac{3.0 \times 10^8}{0.8 \times 10^8} \,[\text{m}]$$

$$= \frac{3.0}{0.8} = 3.75 \,[\text{m}]$$

問 1.2 同じく，$\lambda \cdot f = c$ の関係式より

$$0.5 \,[\mu\text{m}] \times f = 3.0 \times 10^8 \times 10^6 \,[\mu\text{m/s}]$$

$$f = \frac{3.0 \times 10^{14}}{0.5} \,[\text{Hz}]$$

$$= 6.0 \times 10^{14} \,[\text{Hz}]$$

$$= 600 \,[\text{THz}]$$

問 1.3 $n = \dfrac{c}{v}$ の関係式より

$$v = \frac{c}{n}$$

$$= \frac{3.0 \times 10^8 \,[\text{m/s}]}{1.31}$$

$$\fallingdotseq 2.290 \times 10^8 \,[\text{m/s}]$$

(2 章)

問 2.1 二つの媒質の境界が光学的鏡面である場合，ある方向から入射し，その境界でぶつかった後，入射光が存在する媒質内にその一部あるいは大部分は特定の方向にのみ進む．この光線を「反射光線」という．

その特定の方向とは，次の二つの条件を満足する．

1. 反射光線は入射面内にのみ存在する．
2. 反射光線は，その光線が境界とぶつかった点での境界の法線に関して反対側に進み，入射角と反射角の絶対値は等しい．

問 2.2 解図 2.1 のように屈折角を θ とすると次式が成立する．

$$1.00 \times \sin 40° = 1.50 \times \sin \theta$$

よって $\sin \theta = \dfrac{\sin 40°}{1.50} = \dfrac{0.643}{1.50} \fallingdotseq 0.428\,5$

$$\theta = \sin^{-1}(0.428\,5) = 25.37°$$

150　　理解度の確認；解説

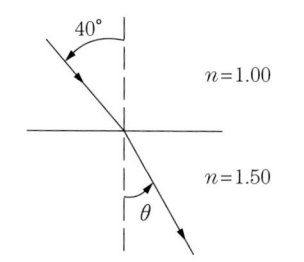

解図 2.1

問 2.3　解図 2.2 のように，臨界角を θ_{limit} とすると

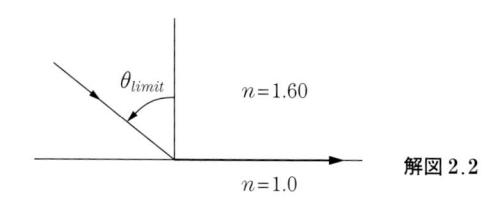

解図 2.2

$$1.60 \times \sin \theta_{limit} = 1.00 \times \sin 90°$$

$$\sin \theta_{limit} = \frac{1}{1.60} = 0.625$$

$$\therefore \theta_{limit} = \sin^{-1}(0.625) = 38.68°$$

すなわち，入射角が 38.68° より大きい入射光線はすべて境界面で反射する．

(3 章)

問 3.1　解図 3.1 に示すように，一般のミラーの近軸結像関係式は，式(3.7)より

$$\frac{1}{s} + \frac{1}{s'} = \frac{2}{r}$$

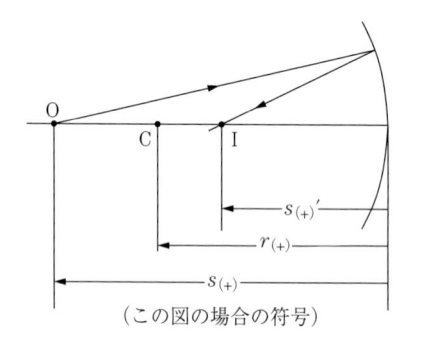

解図 3.1
（この図の場合の符号）

平面ミラーの場合は曲率半径 r は無限大（∞）であるから

$\frac{2}{r} = 0$ より

$$\frac{1}{s'} = -\frac{1}{s} \text{ より } s' = -s$$

ただし，s と s' の符号の定義が異なることに注意が必要である．
例えば $s = +100$ mm の場合

$$s' = -100 \text{ [mm]}$$

解図 3.2 に示すようになる．

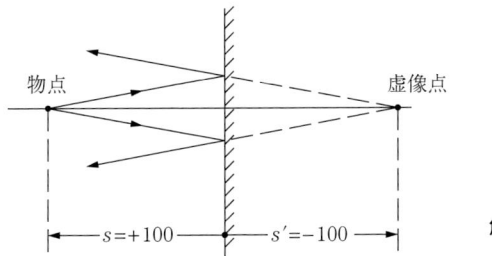

解図 3.2

これは，普通の鏡を使う場合，常に経験している現象である．

問 3.2 式(3.11)より

$$\frac{n_2}{s'} - \frac{n_1}{s} = \frac{n_2 - n_1}{r}$$

$s = -\infty$ の場合の s' が眼の像焦点距離（f'）だから，この場合は $n_1/s = 0$ となり

$$\frac{n_2}{s'} = \frac{n_2 - n_1}{r}$$

$$s' = \frac{n_2}{n_2 - n_1} \cdot r = f'$$

$$\therefore f' = \frac{1.33}{1.33 - 1.00} \times (+10) \fallingdotseq 40.3 \ [\text{mm}]$$

問 3.3 薄い単レンズの式(3.16)より

$$\frac{1}{f'} = \frac{1.55 - 1.00}{1.00}\left(\frac{1}{+200} - \frac{1}{-300}\right)$$

$$= 0.55 \times \left(\frac{3+2}{600}\right) = \frac{2.75}{600}$$

よって，$f' = \dfrac{600}{2.75} \fallingdotseq +218.2 \ [\text{mm}]$

この薄い単レンズの断面形状は，解図 3.3 のようになる．

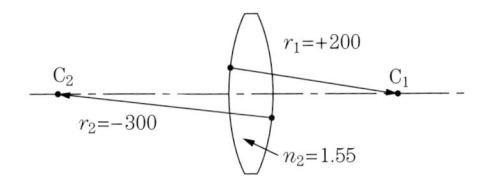

解図 3.3

問 3.4 同様にして

$$\frac{1}{f'} = \frac{1.60 - 1.00}{1.00} \times \left(\frac{1}{-200} - \frac{1}{300}\right) = 0.60 \times \left(-\frac{3+2}{600}\right)$$

よって，$f' = -\dfrac{600}{0.6 \times 5} = -200.0 \ [\text{mm}]$

この薄い単レンズの断面形状は，解図 3.4 のようになる．

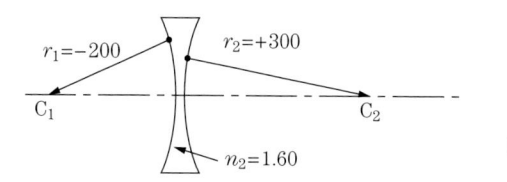

(4 章)

問 4.1 第1の目的は，レーザビームなどの小さい光源をできるだけ小さい点に集光することであり，第2の目的は，広がりがある物体の像をつくることである．高性能にする場合には，必然的に第2の目的のほうが，レンズの構成が複雑になる．

問 4.2 光線の屈折作用を実現するためには，ガラスなどの透明な材料を使い，その境界面の形状は滑らかな曲面であり，なおかつ細かい凹凸がない面でなければならない．すなわち，その表面の「表面粗さ」は光の波長に比べて1/100程度以下の滑らかな曲面にしなければならない．このような面を「光学的鏡面」という．この光学的鏡面を実現するためには，「研磨」が必要である．表面粗さに方向性をなくすためには，いろいろな方向に不規則に研磨していくことが重要であり，これを実現する最も簡単な機構を使うと，その曲面は球面になる．

問 4.3 像焦点距離は，像主点から像焦点までの符号を含む長さで定義される．

問 4.4 それぞれ物体空間，像空間で定義される二つずつの焦点，主点，接点である．

問 4.5 近軸結像の関係式

$$\frac{1}{s'} - \frac{1}{s} = \frac{1}{f'} \tag{1}$$

$$h' = \frac{s'}{s} \times h \tag{2}$$

より

$$\frac{1}{s'} - \frac{1}{-300} = \frac{1}{+50}$$

$$\frac{1}{s'} = \frac{1}{50} - \frac{1}{300} = \frac{6-1}{300} = \frac{5}{300}$$

$$\therefore \quad s' = \frac{300}{5} = 60 \text{ [mm]}$$

$$h' = \frac{+60}{-300} \times 30 = -6 \text{ [mm]}$$

すなわち，近軸像点の位置は像主点を原点として，$(+60, -6)$ mm である．

問 4.6 解図 4.1 参照．

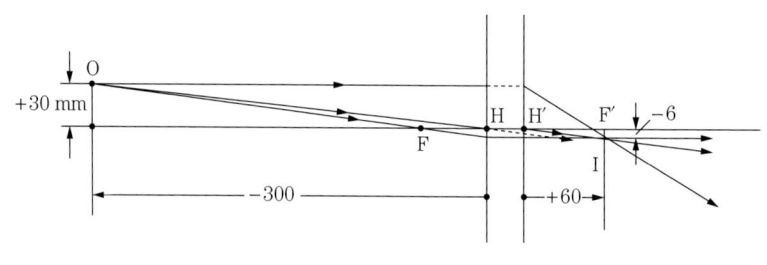

解図 4.1

(5 章)

問 5.1 入射瞳は，開口絞りの穴の部分がそれより物体側にあるレンズ（群）による像となる物体として定義される．その機能は，「物体空間において，結像に寄与するすべての光線束は入射瞳を通って入射する」とみなせることであり，像の明るさに直接的に関係する．像空間で定義される射出瞳に対応する．

問 5.2 射出瞳は，開口絞りの穴の部分を物体とした場合のそれより像側にあるレンズ（群）による像として定義される．その機能は，「像空間において，結像に寄与するすべての光線束は射出瞳から出てくる」とみなせることであり，（波面）収差を考える場合に重要である．物体空間で定義される入射瞳に対応する．

問 5.3

（1） 入射瞳について

入射瞳の位置

入射瞳の H_F からの距離を s_{ent} とすると，次式が成立する．

$$\frac{1}{+15} - \frac{1}{s_{ent}} = \frac{1}{+60}$$

よって

$$\frac{1}{s_{ent}} = \frac{1}{15} - \frac{1}{60} = \frac{4-1}{60} = \frac{1}{20}$$

$$s_{ent} = +20 \ [\text{mm}]$$

すなわち，入射瞳の位置は，H_F の位置から右方向 20 mm のところになる．

また，入射瞳の直径 d_{ent} は

$$d_{ent} = \frac{s_{ent}}{+15 \ \text{mm}} \times 10 \ [\text{mm}] = \frac{20}{15} \times 10 \ [\text{mm}] \fallingdotseq 13.3 \ [\text{mm}]$$

（2） 射出瞳について

射出瞳の位置

H_R' から射出瞳までの距離を s_{exit}' とすると，次式が成立する．

$$\frac{1}{s_{exit}'} - \frac{1}{-10} = \frac{1}{+70}$$

よって

$$\frac{1}{s_{exit}'} = \frac{1}{70} - \frac{1}{10} = \frac{1-7}{70} = -\frac{6}{70}$$

$$s_{exit}' = -\frac{70}{6} \fallingdotseq -11.7 \ [\text{mm}]$$

すなわち，射出瞳の位置は，H_R' から左方向 11.7 mm のところである．

また，射出瞳の直径 d_{exit} は

$$d_{exit} = \frac{-\frac{70}{6}}{-10} \times 10 \fallingdotseq 11.7 \ [\text{mm}]$$

問 5.4 解図 5.1 から画角を θ とすると

$$\tan\left(\frac{\theta}{2}\right) = \frac{10/2}{20} = \frac{10}{40} = 0.25$$

$$\frac{\theta}{2} = \tan^{-1}(0.25) = 14.04°$$

∴ 画角 $\theta = 14.04° \times 2 = 28.08°$

154　理解度の確認；解説

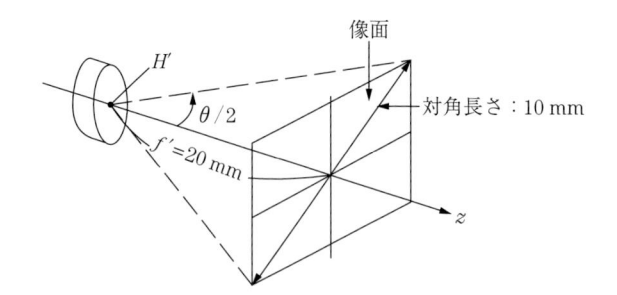

　　　　　　　　　　　　　　　　解図 5.1

(6 章)

問 6.1　薄い単レンズの像焦点距離は次式で与えられる．

$$\frac{1}{f'}=\frac{n_2-n_1}{n_1}\left(\frac{1}{r_1}-\frac{1}{r_2}\right)$$

$r_1=+400$ mm，$r_2=-300$ mm であるから

$$\frac{1}{f'}=\frac{n_2-1.00}{1.00}\left(\frac{1}{+400}-\frac{1}{-300}\right)$$

$$=(n_2-1)\times\frac{3+4}{1\,200}$$

$$f'=\frac{1\,200}{7\times(n_2-1)}\;\text{[mm]}$$

これに，それぞれの波長に対するガラスの屈折率を代入すると

波長〔nm〕	n_2	f'〔mm〕
450	1.630	272.1
550	1.600	285.7
650	1.590	290.6

問 6.2　五つのプライマリー収差とは，① 球面収差，② 非点収差，③ 像面湾曲，④ ひずみ，⑤ コマ収差である．

それぞれの収差について，像面上での光線束の振舞いについて，簡単に説明する．

① 球面収差　　回転対称形の収差であり，射出瞳面で半径が一定の位置から出る光線束は一点に集まるが，その半径が変わると集まる位置が光軸方向に変わる特性の収差である．光軸上で生じる唯一の収差である．

② 非点収差　　光軸から離れた物点からの光線束が光学系を通過する際に発生する収差の一つ．その物点と光軸を含む平面（主平面，メリジオナル面）内の光線束が集光する位置とその面と直交する平面内の光線束が集光する位置が光軸方向に異なる現象を示す収差のこと．この位置のずれの長さを**非点隔差**という．ある像面では主平面内で直線状の広がりとなり，非点隔差だけ離れた像面では，その直線とは垂直な方向の直線状の広がりを示す．非点隔差の中間の位置では円形の広がりを示す．

③ 像面湾曲　　像面が平面でなく回転対称な曲面になる現象をいう．これは「一点から出た光線束が一点に集まらない」という狭義の収差の定義では収差ではないが，普通像面は平面であるので焦点ぼけを伴うことになる．

④ ひずみ　　これも狭義の収差の定義では収差ではない．像面で横倍率が光軸から離れるに従って変わる現象．

⑤ コマ収差　彗星が尾を引くようなぼけを伴うのでこう呼ばれる．像面の中心（像面と光軸が交わる点）から離れるにつれて，その大きさが大きくなるが，その尾の広がり角は同じで60°である．他の収差は像面の中心から離れるに従ってその距離の2乗に比例して大きくなるが，この収差はその距離に比例して大きくなるので，光軸近傍で無収差であるためには，①の球面収差とこのコマ収差がないことが必要である（アッベの正弦条件）．

(7 章)

問 7.1 解図 7.1 に示すように，psf：$I(x)$ をフーリエ変換し，その絶対値を規格化したものが MTF：$M(f_x)$ だから

$$M(f_x) = \frac{1}{H(0)} \left| \int_{-\infty}^{\infty} I(x) \exp(-2\pi j x \cdot f_x) \, dx \right|$$

$$= \frac{1}{H(0)} \left| \int_{-\Delta}^{\Delta} I_0 \exp(-2\pi j x \cdot f_x) \, dx \right|$$

$$= \frac{I_0}{H(0)} \left| \int_{-\Delta}^{\Delta} \{\cos(-2\pi x \cdot f_x) + j \sin(-2\pi x \cdot f_x)\} dx \right|$$

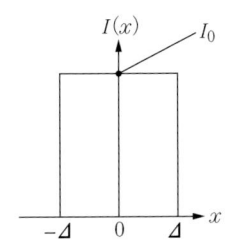

解図 7.1

第2項は奇関数だから積分すると0になるから

$$= \frac{I_0}{H(0)} \left| \int_{-\Delta}^{\Delta} \cos(-2\pi x \cdot f_x) \, dx \right|$$

$$= \frac{I_0}{H(0)} \left| \left[\frac{\sin(2\pi x \cdot f_x)}{2\pi f_x} \right]_{-\Delta}^{\Delta} \right|$$

$$= \frac{I_0}{H(0)} \cdot \frac{1}{2\pi f_x} \{\sin(2\pi \Delta \cdot f_x) - \sin(-2\pi \Delta \cdot f_x)\}$$

$$= \frac{I_0}{H(0)} \cdot \frac{1}{2\pi f_x} |2\sin(2\pi \Delta \cdot f_x)|$$

$$= \frac{2I_0 \Delta}{H(0)} \cdot \left| \frac{\sin(2\pi \Delta \cdot f_x)}{2\pi \Delta \cdot f_x} \right|$$

ここで，$H(0) = \int_{-\infty}^{\infty} I(x) \, dx = 2I_0 \Delta$ より

$$M(f_x) = \left| \frac{\sin(2\pi \Delta \cdot f_x)}{2\pi \Delta \cdot f_x} \right|$$

$$\lim_{\Delta f \to 0} \frac{\sin(2\pi \Delta \cdot f_x)}{2\pi \Delta \cdot f_x} = 1$$ より

$M(f_x)$ は解図 7.2 のようになる．

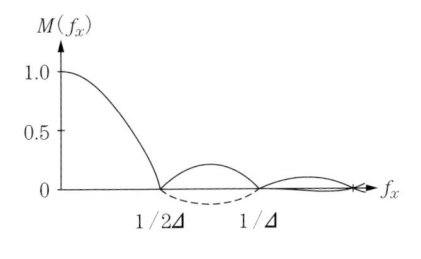

解図 7.2

問 7.2 被写体までの距離が撮像レンズの像焦点距離に比べて十分長い場合の被写界深度は式(7.20)で与えられる．

$$\Delta o \fallingdotseq \frac{2f'^2 \cdot \delta}{\Delta s'^2 \tan \theta}$$

ここで $f' = +100$ 〔mm〕, $\delta = 10$ 〔μm〕$= 0.01$ 〔mm〕, $s = -10$ 〔m〕$= -10\,000$ 〔mm〕より s' を求めると

$$\frac{1}{s'} - \frac{1}{-10\,000} = \frac{1}{100}$$

$$\frac{1}{s'} = \frac{1}{100} - \frac{1}{-10\,000} = \frac{100-1}{10\,000}$$

$$s' = \frac{10\,000}{99} \text{〔mm〕}$$

$$\therefore \Delta s' = s' - f' = \frac{10\,000}{99} - 100 = \frac{100}{99} \text{〔mm〕}$$

よって $\Delta o \fallingdotseq \dfrac{2 \times 100^2 \times 0.01}{\left(\dfrac{100}{99}\right)^2 \tan \theta}$

$$= \frac{2 \times 99^2 \times 100^2 \times 0.01}{100^2 \cdot \tan \theta}$$

$$= \frac{196.02}{\tan \theta} \text{〔mm〕}$$

$$\tan \theta = \frac{\dfrac{D}{2}}{f'} = \frac{1}{2F^\#} \text{ より}$$

(1) $F^\# = 4$ のとき

$$\tan \theta = \frac{1}{2 \times 4} = \frac{1}{8} \text{ より}$$

$$\Delta o \fallingdotseq \frac{196.02}{\dfrac{1}{8}} = 1\,568.16 \text{〔mm〕} \fallingdotseq 1.57 \text{〔m〕}$$

(2) $F^\# = 16$ のとき

$$\tan \theta = \frac{1}{2 \times 16} = \frac{1}{32} \text{ より}$$

$$\Delta o \fallingdotseq \frac{196.02}{\dfrac{1}{32}} = 6\,272.64 \text{〔mm〕} \fallingdotseq 6.27 \text{〔m〕}$$

(8 章)

問 8.1 解図 8.1 参照．

・円の式は，$(z-100)^2 + \rho^2 = 100^2$

$$(z-100)^2 = 100^2 - \rho^2$$

$$z - 100 = \pm\sqrt{100^2 - \rho^2}$$

$$z = 100 - \sqrt{100^2 - \rho^2}$$

この式に $\rho = 25$ を代入すると

$$z = 100 - \sqrt{10\,000 - 25^2}$$

$$= 100 - \sqrt{9\,375}$$

$$= 3.175\,4 \text{〔mm〕}$$

理解度の確認；解説　**157**

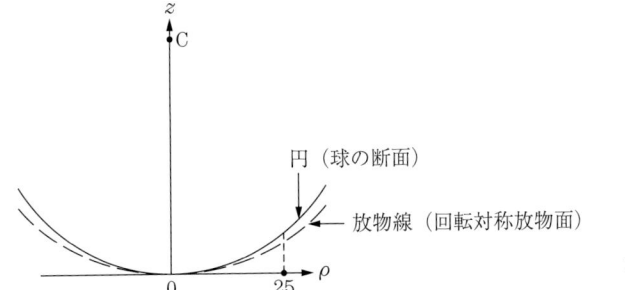

解図 8.1

円（球の断面）
放物線（回転対称放物面）

・同じ近軸曲率半径を持つ放物線の式は
$$z=\frac{C}{2}\rho^2=\frac{1}{2R}\rho^2\left(C=\frac{1}{R}\right)$$
この式に $\rho=25$ を代入すると
$$z=\frac{25^2}{100\times 2}\fallingdotseq 3.125 \text{ (mm)}$$
∴ z 円 $-z$ 放物面 $=3.1754-3.125=0.0504$ 〔mm〕$=50.4$ 〔μm〕

問 8.2　式(8.5)，(8.6)で
$$f'=100 \text{ (mm)}$$
$\nu_1=63.80$，$\nu_2=36.26$ を代入すると
$$f_1'=\frac{100\times(63.80-36.26)}{63.80}=\frac{2754}{63.80}=43.166 \text{ (mm)}$$
$$f_2'=\frac{100\times(36.26-63.80)}{36.26}=-\frac{2754}{36.26}=-75.951 \text{ (mm)}$$
薄い単レンズの像焦点距離の一般式は
$$\frac{1}{f'}=\frac{n_2-n_1}{n_1}\left(\frac{1}{r_1}-\frac{1}{r_2}\right)$$
・第1レンズ（凸レンズの部分）
　　$n_1=1.000$
　　$n_2=1.5168$（クラウンガラスのd線の屈折率）
　　$r_{12}=-43$ 〔mm〕 を代入すると
$$\frac{1}{43.166}=\frac{1.5168-1.000}{1.000}\left(\frac{1}{r_{11}}-\frac{1}{-43.0}\right)$$
この式より r_{11} を求めると
　　$r_{11}=+46.36$ 〔mm〕
・第2レンズ（凹レンズの部分）
　　$n_1=1.000$
　　$n_2=1.6200$（フリントガラスのd線の屈折率）
　　$r_{21}=-43$ 〔mm〕 を代入すると
$$\frac{1}{-75.951}=\frac{1.6200-1.000}{1.000}\left(\frac{1}{-43.0}-\frac{1}{r_{22}}\right)$$
この式より
　　$r_{22}=-495.1$ 〔mm〕
すなわち，それぞれのレンズの断面形状の概略図は**解図 8.2**のようになる．

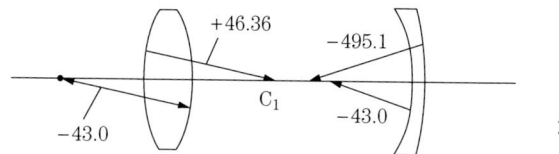

(9 章)

問 9.1 接眼レンズの視角倍率とその像焦点距離の関係は，式(9.12)で与えられる．

$$M_{angle} = \frac{250}{f'}$$

よって

$$5 = \frac{250}{f'}, \quad f' = \frac{250}{5} = 50 \text{ [mm]}$$

問 9.2 ケプラー式望遠鏡の総合視角倍率 M_{angle} は，式(9.16)で与えられる．

$$M_{total, angle} = \frac{f_o'}{f_{eye}'}$$

ここで，$f_{eye}' = \dfrac{250}{M_{eye, angle}}$ より $f_{eye}' = \dfrac{250}{10} = 25$ [mm]

よって，$M_{total, angle} = -\dfrac{500}{25} = -20$ 倍

問 9.3 視角が $0.1°$ の物体は，このケプラー式望遠鏡によって $0.1° \times (-20) = -2°$ に拡大される．

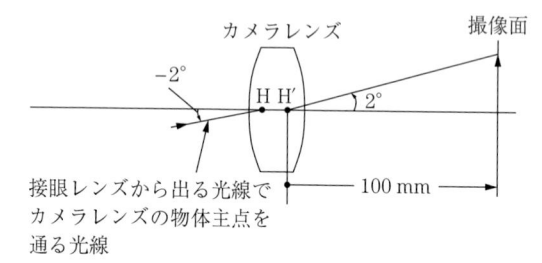

解図 9.1 より，撮像面での像の大きさは

$$100 \text{ mm} \times \tan 2° = 3.49 \text{ [mm]}$$

この図では，像の大きさを計算しやすくするために，物体の下端は光軸上にあるとしている．

問 9.4 顕微鏡の総合視角倍率は式(9.13)で与えられる．

$$M_{total, angle} = 40 \times 10 = 400 \text{ 倍}$$

問 9.5 視角倍率の定義は，明視の距離だけ離れて見た場合の見込む角度の倍率であるから，$15\,\mu m$ の大きさを見込む角度 θ_{naked} は

$$\theta_{naked} = \frac{15 \times 10^{-3} \text{ [mm]}}{250 \text{ [mm]}} \text{ [rad]} = 6.0 \times 10^{-5} \text{ [rad]}$$

これが 400 倍されるから，接眼レンズから出る視野角 θ_{eye} は

$$\theta_{eye} = \theta_{naked} \times 400 = \frac{15 \times 10^{-3} \times 400}{250} = 2.4 \times 10^{-2} \text{ [rad]}$$

問 9.3 と同様に，カメラ撮像面での像の大きさは

$$80 \text{ mm} \times 2.4 \times 10^{-2} = 1.92 \text{ [mm]}$$

あとがき

　本書では像を結ぶレンズについて，おもに述べた．像を作ることが必然であるカメラについては，最近ではデジタルカメラが大半を占めるようになり，携帯電話にもデジタルカメラが組み込まれている．それに従って，結像レンズに必要とされるスペックも大きく変わっている．

　最近では光通信やCDやDVDの光ディスクなどにレーザが広く使われるようになっている．これらに使われるレンズのスペックは結像レンズ用レンズのそれとは大きく異なるが，レンズの基本特性は共通であるので，レーザに使われるレンズについても少し触れた．

　1章では，光は真空中での波長が380～770 nmの間の電磁波の一部であるが，この波長域の電磁波は波としての振舞いよりも光線としての振舞いで説明できる現象が多い．本書の主テーマである結像特性も光線束の振舞いでよく説明できるので，2章以降ではすべて光線の振舞いで説明している．光の特質，特に像を作るレンズについて，少しでも理解していただけると大変うれしい．

　この本は，私の若い時期に指導して頂いた辻内順平氏（東京工業大学名誉教授）から教わったことが礎になっている．この場を借りて感謝致します．

　最後に依頼されて出版までこぎつけるに，レクチャーシリーズ教科書委員会の皆様およびコロナ社の方々に大変お世話になったことに深謝致します．

索　引

【あ】

アイポイント …………117, 119
アイリング ………………119
アイレリーフ ……………120
アクロマート ………………99
厚い単レンズ ………………35
アッベ
　　――の正弦条件 …………77
　　――の不変量 ……………26
アッベ数 …………………98
アフォーカル光学系 ………116
アライナ …………………115

【い】

位　相 ……………………80
位相シフトマスク …………81
糸巻き型ひずみ ……………74
色消しレンズ ………………99
色分散 ……………………62
インコヒーレント結像 …80, 90

【う】

宇宙望遠鏡 ………………119

【え】

S 偏光 ……………………135
円偏光 ……………………132

【お】

凹レンズ …………………37

【か】

開口絞り …………………52
開口数 ……………………115
回折限界 …………………87
解像力 ………………87, 115
画　角 …………………51, 57
カセグレイン光学系 ………118
画　素 ……………………135
カットオフ周波数 …………86
ガリレオ式望遠鏡 ……55, 117
眼球回旋点 ………………107

【き】

基準線 ……………………24
球　心 ……………………31
球面収差 …………………70
共軸光学系 ………………92
虚像（点） ………………48
近　視 ……………………108
近軸色収差 ………………63
近軸結像 ………………23, 31
近軸結像関係式 ……………29

【く】

空間周波数 ……………90, 102
屈折光線 ………………12, 18
屈折率 …………………6, 130
組レンズ ………………36, 48
クラッド …………………15

【け】

結　像 ……………………30
結像光学系 ………………20
結像レンズ ………………34
研　磨 ……………………10
研磨材 ……………………38

【こ】

コ　ア ……………………15
光学ガラス ………………36
光学的鏡面 ………………10
光学的粗面 ………………10
光学的伝達関数 …………83, 90
光　軸 …………………29, 31
光　線 ……………………2
　　――の屈折の法則 ………12
　　――の反射の法則 ………12
光線束 ……………………3
光線追跡 …………………96
光線路 ……………………6
高速（離散）フーリエ変換 …86
光　波 ……………………2
コサイン 4 乗則 …………124
コニックコンスタント ……93
コヒーレント結像 …………80

【さ】

最短時間の原理 ……………6
ザイデルの 5 収差 …………69
サジタル方向 ……………72, 84

【し】

参照球面 …………………65

【し】

シーイング ………………119
視　角 ……………………112
視角倍率 …………………113
軸上色収差 ………………63
子午面 ……………………65
視　軸 ……………………107
実像（点） ………………48
シフトインバリアント ……82
絞　り …………………52, 57
シミュレーテッドアニーリング
　…………………………103
視野絞り …………………51
射出瞳 ……………………56
視野レンズ ………………119
主　点 ……………………41
集　光 ……………………30
収　差 ………………29, 50, 59
収差補正 …………………92
周波数 ……………………2
主　鏡 ……………………118
主光線 ……………………65
主平面 ……………………43
主　面 ……………………42
焦　点 ……………………41
常分散 ……………………62
振　幅 ……………………80
振幅（変調）伝達関数 ……83

【す】

ステッパ …………………81
スペースインバリアント …82
スポットダイアグラム ……96

【せ】

接眼レンズ ………………113
旋光性 ……………………133
全反射 ……………………14

【そ】

像 …………………………20
像主点 ……………………42
像主点距離 ………………43
像主面 ……………………46

索引

像焦点距離 …………………… 29
像面深度 ……………………… 88
像面湾曲 ……………………… 73

【た】

対物レンズ ………………… 113
畳込み積分 …………………… 82
縦収差 ………………………… 70
縦方向 ………………………… 44
樽型ひずみ …………………… 74
単レンズ ……………………… 29

【ち】

注視点 ……………………… 107
頂角 …………………………… 16
頂点 …………………………… 31
直線偏光 …………………… 131

【つ】

ツェルニケの展開式 ………… 66

【て】

ディオプタ ………………… 109
デフォーカス ………………… 70
点像 …………………………… 20
点像広がり関数 ………… 81, 90
天体望遠鏡 ………………… 117

【と】

凸レンズ ……………………… 37

【に】

肉眼視の光学機器 …… 117, 127
入射角 ………………………… 12
入射光線 ……………………… 11
入射瞳 ………………………… 56
入射面 ………………………… 12

【は】

ハイアイポイント ………… 120

ハッブル望遠鏡 …………… 119
パーフォレーション ……… 122
波面収差 ……………………… 66
反射角 ………………………… 12
反射型望遠鏡 ……………… 118
反射光線 ………………… 12, 18
反射防止 ……………………… 14
パンフォーカス結像 ………… 89

【ひ】

P偏光 ……………………… 135
非球面 …………………… 39, 92
被写界深度 …………………… 88
ひずみ ………………………… 74
非点隔差 ……………………… 72
表面粗さ ………………… 10, 39

【ふ】

フーリエ変換 ………………… 86
フェルマの原理 ……………… 6
フォトマスク ……………… 115
輻輳 ………………………… 107
輻輳角 ……………………… 107
複素振幅 ……………………… 80
物体 …………………………… 20
物体空間 …………………… 115
物体主点 ……………………… 42
物体主面 ……………………… 46
物体焦点距離 ………………… 43
物点 …………………………… 30
不変量 ………………………… 26
プリズム ……………………… 16
ブルースター角 …………… 138
フレネルの係数 …………… 138
ブローニーサイズ ………… 122

【へ】

偏角 …………………………… 17
偏光子 ……………………… 132
偏光板 ……………………… 132

偏波 ………………………… 131

【ま】

マスク ……………………… 124

【む】

無収差 ………………………… 66
無偏光 ……………………… 131

【め】

明視の距離 ………………… 108
メリットファンクション … 102
メリディオナル方向 …… 72, 84
メリディオナル面 …………… 43

【も】

モールド法 …………………… 39

【よ】

横収差 ………………………… 67
横方向 ………………………… 44

【ら】

ラディアル方向 ……………… 72
ランドルト環 ……………… 107

【り】

離散フーリエ変換 …………… 86
稜線 …………………………… 16
臨界角 ………………………… 15

【る】

ルーペ ……………………… 111

【れ】

レチクル ……………… 81, 115
レチクルパターン ………… 124

【ろ】

老眼 ………………………… 110

—— 著者略歴 ——

本田　捷夫（ほんだ　としお）
1968 年　東京工業大学大学院理工学研究科修士課程修了（制御工学専攻）
1978 年　工学博士（東京工業大学）
現在，千葉大学教授

結像光学の基礎
Introduction to Imaging Optics　　© 社団法人　電子情報通信学会　2008

2008 年 2 月 25 日　初版第 1 刷発行

検印省略	編　　者	社団法人 電子情報通信学会 http://www.ieice.org/
	著　　者	本　田　捷　夫
	発 行 者	株式会社　コロナ社 代 表 者　牛来辰巳

112-0011　東京都文京区千石 4-46-10
発行所　株式会社　コロナ社
CORONA PUBLISHING CO., LTD.
Tokyo Japan　　Printed in Japan
振替 00140-8-14844・電話(03)3941-3131(代)
http://www.coronasha.co.jp

ISBN 978-4-339-01871-4
印刷：壮光舎印刷／製本：グリーン

無断複写・転載を禁ずる
落丁・乱丁本はお取替えいたします

電子情報通信レクチャーシリーズ

■(社)電子情報通信学会編　　　(各巻B5判)

共通

配本順			頁	定価
A-1		電子情報通信と産業	西村吉雄著		
A-2	(第14回)	電子情報通信技術史 ―おもに日本を中心としたマイルストーン―	「技術と歴史」研究会編	276	4935円
A-3		情報社会と倫理	辻井重男著		
A-4		メディアと人間	原島博 北川高嗣 共著		
A-5	(第6回)	情報リテラシーとプレゼンテーション	青木由直著	216	3570円
A-6		コンピュータと情報処理	村岡洋一著		
A-7		情報通信ネットワーク	水澤純一著		近刊
A-8		マイクロエレクトロニクス	亀山充隆著		
A-9		電子物性とデバイス	益一哉著		

基礎

B-1		電気電子基礎数学	大石進一著		
B-2		基礎電気回路	篠田庄司著		
B-3		信号とシステム	荒川薫著		
B-4		確率過程と信号処理	酒井英昭著		
B-5		論理回路	安浦寛人著		
B-6	(第9回)	オートマトン・言語と計算理論	岩間一雄著	186	3150円
B-7		コンピュータプログラミング	富樫敦著		
B-8		データ構造とアルゴリズム	今井浩著		
B-9		ネットワーク工学	仙石正和 田村裕 共著		
B-10	(第1回)	電磁気学	後藤尚久著	186	3045円
B-11		基礎電子物性工学 ―量子力学の基本と応用―	阿部正紀著		近刊
B-12	(第4回)	波動解析基礎	小柴正則著	162	2730円
B-13	(第2回)	電磁気計測	岩﨑俊著	182	3045円

基盤

C-1	(第13回)	情報・符号・暗号の理論	今井秀樹著	220	3675円
C-2		ディジタル信号処理	西原明法著		
C-3		電子回路	関根慶太郎著		
C-4		数理計画法	山下信雄 福島雅夫 共著		近刊
C-5		通信システム工学	三木哲也著		
C-6	(第17回)	インターネット工学	後藤滋樹 外山勝保 共著	162	2940円
C-7	(第3回)	画像・メディア工学	吹抜敬彦著	182	3045円
C-8		音声・言語処理	広瀬啓吉著		
C-9	(第11回)	コンピュータアーキテクチャ	坂井修一著	158	2835円

配本順				頁	定価
C-10		オペレーティングシステム	徳田 英幸 著		
C-11		ソフトウェア基礎	外山 芳人 著		
C-12		データベース	田中 克己 著		
C-13		集積回路設計	浅田 邦博 著		
C-14		電子デバイス	舛岡 富士雄 著		
C-15	(第8回)	光・電磁波工学	鹿子嶋 憲一 著	200	3465円
C-16		電子物性工学	奥村 次徳 著		

展開

D-1		量子情報工学	山崎 浩一 著		
D-2		複雑性科学	松本 隆 編著		
D-3		非線形理論	香田 徹 著		
D-4		ソフトコンピューティング	山川 烈／堀尾 恵一 共著		
D-5		モバイルコミュニケーション	中川 正雄／大槻 知明 共著		
D-6		モバイルコンピューティング	中島 達夫 著		
D-7		データ圧縮	谷本 正幸 著		
D-8	(第12回)	現代暗号の基礎数理	黒澤 馨／尾形 わかは 共著	198	3255円
D-9		ソフトウェアエージェント	西田 豊明 著		
D-10		ヒューマンインタフェース	西田 正吾／加藤 博一 共著		
D-11	(第18回)	結像光学の基礎	本田 捷夫 著	174	3150円
D-12		コンピュータグラフィックス	山本 強 著		
D-13		自然言語処理	松本 裕治 著		
D-14	(第5回)	並列分散処理	谷口 秀夫 著	148	2415円
D-15		電波システム工学	唐沢 好男 著		
D-16		電磁環境工学	徳田 正満 著		
D-17	(第16回)	ＶＬＳＩ工学 ―基礎・設計編―	岩田 穆 著	182	3255円
D-18	(第10回)	超高速エレクトロニクス	中村 徹／三島 友義 共著	158	2730円
D-19		量子効果エレクトロニクス	荒川 泰彦 著		
D-20		先端光エレクトロニクス	大津 元一 著		
D-21		先端マイクロエレクトロニクス	小柳 光正 著		
D-22		ゲノム情報処理	高木 利久／小池 麻子 編著		
D-23		バイオ情報学	小長谷 明彦 著		
D-24	(第7回)	脳工学	武田 常広 著	240	3990円
D-25		生体・福祉工学	伊福部 達 著		
D-26		医用工学	菊地 眞 編著		
D-27	(第15回)	ＶＬＳＩ工学 ―製造プロセス編―	角南 英夫 著	204	3465円

定価は本体価格+税5％です。
定価は変更されることがありますのでご了承下さい。

図書目録進呈◆